"十三五"应用型人才培养规划教材

Premiere
视频编辑与应用实践教程

骆焦煌　编著

清华大学出版社
北　京

内 容 简 介

本书主要内容包括 Premiere Pro CC 简介，素材导入，编辑工具，视频素材剪辑，运动效果、不透明度、时间重映射和关键帧，视频过渡与视频效果，字幕的创建与设置，音频编辑和影片输出。书中内容层次清晰，图文并茂，通俗易懂，每章附有与理论知识紧密联系的应用任务，操作步骤详细，使读者能通过任务操作领会和掌握理论知识，起到理论与实操同步的效果。

本书可作为高等院校应用型人才培养相关专业教材，也适合作为读者自学影视制作编辑的指导书。

图书在版编目（CIP）数据

Premiere 视频编辑与应用实践教程/骆焦煌编著. —北京：清华大学出版社，2018(2023.8重印)

（"十三五"应用型人才培养规划教材）

ISBN 978-7-302-49940-4

Ⅰ．①P… Ⅱ．①骆… Ⅲ．①视频编辑软件－高等学校－教材 Ⅳ．①TN94

中国版本图书馆 CIP 数据核字(2018)第 058800 号

责任编辑： 颜廷芳
封面设计： 刘艳芝
责任校对： 李 梅
责任印制： 沈 露

出版发行： 清华大学出版社

    网 址： http://www.tup.com.cn, http://www.wqbook.com

    地 址： 北京清华大学学研大厦 A 座 **邮 编：** 100084

    社 总 机： 010-83470000 **邮 购：** 010-62786544

    投稿与读者服务： 010-62776969, c-service@tup.tsinghua.edu.cn

    质量反馈： 010-62772015, zhiliang@tup.tsinghua.edu.cn

    课件下载： http://www.tup.com.cn, 010-62770175-4278

印 装 者： 北京嘉实印刷有限公司

经 销： 全国新华书店

开 本： 185mm×260mm **印 张：** 19 **字 数：** 437 千字

版 次： 2018 年 7 月第 1 版 **印 次：** 2023 年 8 月第 6 次印刷

定 价： 49.00 元

产品编号：077583-01

前 言
FOREWORD

Adobe Premiere Pro CC 是 Adobe 公司旗下的一款视频编辑软件,提供了剪辑、调色、美化音频、视频特效、字幕添加、输出、DVD 刻录等一系列功能,并和其他 Adobe 软件,如 Photoshop、After Effects 高效集成,可以随心所欲地创作出视频作品。

本书是为适应时代背景下的"应用技术型人才培养"为目标而编写,内容主要以"理论突出,重在实践"为主线,以"理论与实践相渗透"为目标,注重理论知识与实操相结合,着重培养学生的应用操作技能,使学生学会应用理论知识分析和解决素材编辑中的实际问题。教材内容力求叙述简练,概念清晰,通俗易懂,便于自学。

本书共分为 9 章,分别为 Premiere Pro CC 简介,素材导入,编辑工具,视频素材剪辑,运动效果、不透明度、时间重映射和关键帧,视频过渡与视频效果,字幕的创建与设置,音频编辑和影片输出。各章都配有操作任务,以帮助读者理解理论知识,并将理论知识应用于任务操作中。对于每章的操作任务,力求做到步骤讲解清楚、详细,结果正确。同时每章附有课后习题以帮助读者巩固和掌握理论知识。

本书的特色如下。

(1) 理论紧密联系实践,通过任务驱动,结合专业岗位,突出应用操作技能培养。每一章都附有精心设计的操作任务,任务内容包含本章所学的理论知识,使读者能够同步掌握理论知识与技能操作。

(2) 本书从 Premiere Pro CC 软件安装的基础知识循序渐进地围绕"理论突出,重在实践"这一主线,展开知识点的讲解。

(3) 本书为方便读者使用,提供了每章操作任务所包含的视频素材和效果,以及本课程相关的辅助教学文件(教学大纲、实验大纲、教学日历、教学课件、教案等)。

本书可作为高等院校应用型人才培养相关专业教材,也适合作为读者自学影视制作编辑的指导书。

本书由骆焦煌编著。清华大学出版社为本书的出版提供了大力支持,在此表示感谢。本书在编写过程中参考了部分资料,也向其作者表示衷心的感谢!

由于编者水平有限,书中难免有不当之处,欢迎广大同行和读者批评指正。

编 者
2018 年 5 月

目　录
CONTENTS

Premiere Pro CC简介

本章学习内容

1. Premiere Pro CC 概述；
2. Premiere Pro CC 工作界面；
3. 面板的操作；
4. Premiere Pro CC 的基本操作流程；
5. 任务实现。

本章学习目标

1. 了解 Premiere Pro CC 软件功能；
2. 理解安装 Premiere Pro CC 的硬件要求；
3. 掌握 Premiere Pro CC 软件中面板的启用、关闭和调整；
4. 掌握创建 Premiere Pro CC 项目文件的基本操作流程。

1.1 Premiere Pro CC 概述

Adobe Premiere Pro 是一款目前流行的音频和视频编辑应用软件，是美国 Adobe 公司开发的非线性编辑软件，它支持跨平台操作，可以支持当前所有标清和高清格式的视频实时编辑，也可以将其他软件输出的媒体素材进行编辑；提供了采集、剪辑、调色、音频编辑、创建字幕、输出媒体、DVD 刻录的一整套流程，并可以和其他 Adobe 软件高效集成，满足用户创建高质量作品的要求。目前，该软件广泛应用于影视编辑、视频广告和电视节目等领域中。

1.1.1 安装 Premiere Pro CC 的硬件要求

Premiere Pro CC 在 Windows 系统下安装的硬件要求如下。

（1）英特尔酷睿 2 双核或 AMD 羿龙 II 以上处理器，需要 64 位支持；

（2）操作系统须安装 64 位；

（3）内存须 4GB 或以上；

（4）硬件空间须 4GB 或以上（安装过程中需要额外的可用空间）；

（5）需要额外的磁盘空间用于预览文件和文件创建；

（6）屏幕分辨率为 1024×768；

（7）7200r/min 或以上硬盘驱动器；

（8）声卡兼容 ASIO 协议或 Microsoft Windows 驱动程序；

（9）使用 QuickTime 功能需要 QuickTime 7.6.6 软件；

（10）可选 Adobe 认证的 GPU 卡的 GPU 加速性能；

（11）产品激活需要 Internet 连接。

1.1.2　Premiere Pro CC 功能

Premiere Pro CC 的功能主要包括以下几个方面：

（1）视频和音频的剪辑；

（2）字幕的创建；

（3）视频格式转换（包括 DV、HDV、AVI、MOV、MPG、FLV、QuickTime、PSD、TIFF、PNG、BWF 等）；

（4）加入视频转场特效；

（5）加入音频转场特效；

（6）使用图片、视频片段组合做电影；

（7）添加、删除音频和视频（配音或画面）；

（8）导入外部的静态素材、视频进行编辑。

1.1.3　Premiere Pro CC 的启动与退出

1. 启动 Premiere Pro CC

当安装好 Premiere Pro CC 后，可以选择任务栏中的"开始"|"所有程序"|Adobe 命令，在弹出的子菜单中选择 Adobe Premiere Pro CC 命令，或者在桌面上双击图标▣，启动 Premiere Pro CC 应用软件。在启动过程中，会弹出如图 1-1 所示的信息面板。数秒后进入欢迎界面，如图 1-2 所示。单击面板上的"新建项目"按钮，弹出"新建项目"对话框，如图 1-3 所示，在该对话框中可以设置文件的格式、编辑模式、帧尺寸等。在"名称"右边的文本框中输入要命名的项目文件名称，单击"位置"右边的"浏览"按钮，可以选择文件保存的位置，然后单击"确定"按钮，进入 Premiere Pro CC 工作界面，如图 1-4 所示，此时就可以进行各种编辑操作。选择"文件"|"新建"|"序

图 1-1　启动信息面板

列"命令,弹出"新建序列"对话框,如图 1-5 所示,设置好序列的各参数后,单击"确定"按钮,如图 1-6 所示。

图 1-2 欢迎进入界面

图 1-3 "新建项目"对话框

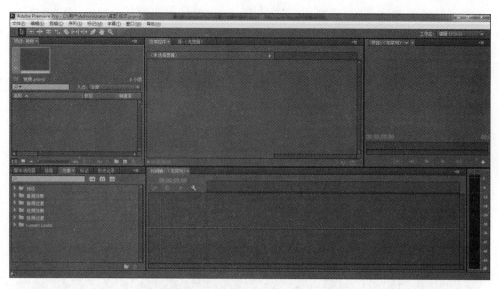

图 1-4　Premiere Pro CC 工作界面

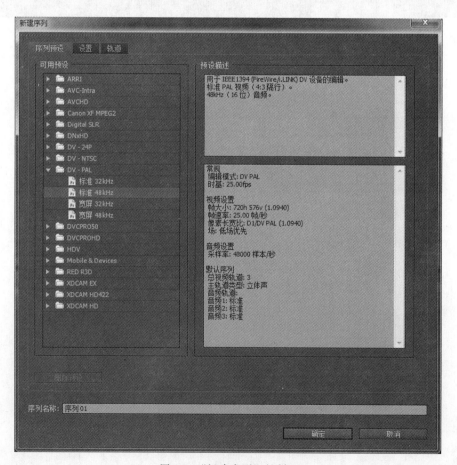

图 1-5　"新建序列"对话框

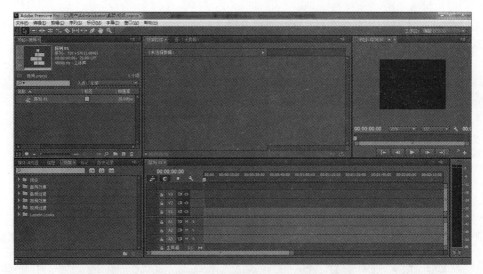

图 1-6　新建序列后的工作界面

在图 1-2 中除"新建项目"按钮外,还有以下几个按钮。

(1) 了解:包括入门指南、新功能和资源。

(2) 打开最近项目:包括最近编辑或打开过的项目文件名。

(3) 退出:退出 Premiere Pro CC 软件。

2. 退出 Premiere Pro CC

在 Premiere Pro CC 中编辑完成后,选择"文件"|"退出"命令,弹出提示对话框,如图 1-7 所示,该对话框提示用户是否对当前项目文件进行保存,其中有 3 个按钮。

图 1-7　提示对话框

(1) 是:可以对当前项目文件进行保存,然后关闭软件。

(2) 否:可以不保存直接退出软件。

(3) 取消:回到编辑项目文件中,不退出软件。

1.2　Premiere Pro CC 工作界面

Premiere Pro CC 是具有交互式界面的软件,其工作界面中保存着多个工作组件。工作界面中的面板可以根据用户的喜欢而进行打开或关闭,且可以任意组合和拆分。Premiere Pro CC 为用户提供一种浮动的界面。当鼠标位于两个窗口之间的分界线或四个窗口间的对角位置时,可以拖动鼠标同时调整多个窗口的大小。

1.2.1 Premiere Pro CC 工作区

Premiere Pro CC 默认的工作区界面如图 1-8 所示。

图 1-8　默认工作区

与其他 Adobe 软件的界面设置方法一样,在 Premiere Pro CC 中若需要打开某个面板,可以选择"窗口"|"工作区"菜单中的相应命令,如图 1-9 所示。

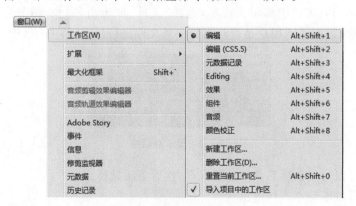

图 1-9　工作区子菜单选项

在使用 Premiere Pro CC 之前的工作界面习惯性地将项目面板放置在界面的左上角,可以使用"编辑(CS5.5)"这个选项来调用这种界面布局方式。另外,勾选"导入项目中的工作区"后,打开原有项目时将使用原项目编辑时的工作区布局。例如,选择"窗口"|"工作区"|"编辑(CS5.5)"后,工作界面布局方式发生变化,如图 1-10 所示。项目面板出现在界面左上角。

当更改工作区布局后,保存项目并退出 Premiere Pro CC,重新打开该项目时,自定义的窗口布局也将被保存下来。

图 1-10　编辑(CS5.5)工作区布局

1.2.2　Premiere Pro CC 常用面板

1. 项目面板

　　项目面板用于导入、放置和管理整个项目的素材文件,其中页标签显示当前项目的名称,项目面板分为素材区和工具条区,如图 1-11 所示。

图 1-11　项目面板

　　(1)素材区:显示素材的分辨率、持续时间、帧率等。

　　(2)工具条区:包括列表视图按钮、图标按钮、自动匹配按钮、查找按钮、新建文件夹按钮、新建分项按钮、清除按钮、缩小按钮和放大按钮。

　　① 列表视图按钮█:用于控制原始素材的显示方式。如果单击该按钮,项目面板中的素材将以列表的方式显示出来。

　　② 图标按钮█:用于控制原始素材的显示方式,是让原始素材以图标的方式进行显示。

　　③ 自动匹配按钮█:用于把选定的素材按照选定的先后方式加入当前选定的序列

面板中。

④ 查找按钮 ：用于按照指定的类型在项目面板中寻找素材。

⑤ 新建文件夹按钮 ：用于在当前素材管理路径下存放素材的文件夹，可以手动输入文件夹的名称。

⑥ 新建分项按钮 ：用于在当前文件夹内创建一个新的序列、脱机文件、字幕等。

⑦ 清除按钮 ：用于将素材从项目面板中清除。

⑧ 缩小按钮 ：单击该按钮，或向左拖动滑块可缩小面板中素材的显示效果。

⑨ 放大按钮 ：单击该按钮，或向右拖动滑块可放大面板中素材的显示效果。

2. 源监视器面板

用于显示项目面板中或时间轴面板中单个素材的原始画面，如图 1-12 所示。

图 1-12　源监视器面板

源监视器面板中的常用按钮包括以下几种。

（1）设置入点按钮 ：单击该按钮，对源素材设置入点，用于剪辑。在当前位置处，指定为入点，时间播放针在相应的位置出现，入点的快捷键为 I。清除入点则按住 Alt 键同时单击入点按钮即可清除已设置的入点。

（2）设置出点按钮 ：单击该按钮，对源素材设置出点，在当前位置处，指定为出点，时间播放针在相应的位置出现，出点的快捷键为 O。在入点和出点之间出现连续一段片段，可插入在时间面板序列轨道中。清除出点则按住 Alt 键同时单击出点按钮即可清除已设置的出点。

（3）转到入点按钮 ：单击该按钮，编辑线快速跳转到设置的入点。该快捷键为 Q。

（4）转到出点按钮 ：单击该按钮，编辑线快速跳转到设置的出点。该快捷键为 W。

（5）逐帧后退按钮 ◁ ：单击该按钮一次时，编辑线就往后退一帧。该快捷键按钮为向左方向键。

（6）逐帧前进按钮 ▷ ：单击该按钮一次时，编辑线就往前进一帧。该快捷键按钮为向右方向键。

（7）播放-停止切换按钮 ▶ ：单击该按钮一次时，播放对应窗口中的素材或者节目，然后该按钮变为停止状态。再单击该按钮一次时，就停止播放素材或者节目。单击该按钮奇数次为播放，偶数次为停止。该快捷键为空格键。

（8）插入按钮 ：将当前源监视器面板中的素材从设置的入点到出点的片段插入时间序列指定的轨道编辑线位置上。该快捷键为逗号"，"。

（9）覆盖按钮 ：将当前源监视器面板中的素材从设置的入点到出点的片段插入时间序列指定的轨道编辑线位置上，与该位置上的重叠部分会被覆盖。该快捷键为句号"。"。

（10）导出帧按钮 ：单击该按钮，将弹出"导出帧"对话框，如图1-13所示，将视频文件以图片序列的方式导出。

图1-13 "导出帧"对话框

（11）仅拖动视频按钮 ：将当前源监视器面板中素材的视频部分拖到时间序列指定的轨道编辑线位置上。

（12）仅拖动音频按钮 ：将当前源监视器面板中素材的音频部分拖到时间序列指定的轨道编辑线位置上。

（13）添加标记按钮 ：用于标记关键帧，标记点既可以用数字标识，也可以不标识，设置无编号标记就是设置一个标记点。

3．节目监视器面板

节目监视器面板用于最终体现序列中的各种制作，预览影片的实际效果，如图1-14所示。

节目监视器面板中的常用按钮包括以下两种。

（1）提升按钮 ：可以在时间序列窗口指定的轨道上，将当前由入点和出点确定的片段从编辑轨道中抽出，与之相邻的片段不会改变位置，该快捷键为分号"；"。

（2）提取按钮 ：可以在时间序列窗口中指定的轨道上，将当前由入点和出点确定的片段从编辑轨道中抽走，其后面的片段自动往前移，填补空缺，而且对于未锁定的轨道

图 1-14　节目监视器面板

上位于该选择范围内的素材,也同样被抽走,该快捷键为分号";"。

其他按钮与源监视器面板中的按钮功能一样。

4.　时间序列面板

时间序列面板是 Premiere Pro CC 中最主要的编辑窗口,包含多个视频轨道和音频轨道,轨道中放置的素材来自项目面板中的素材、文字等内容,在轨道上的素材从左至右排进行列,轨道中的素材可以利用工具面板中的工具进行各种剪辑,对视频和音频的编辑都是在时间序列面板中处理。时间序列面板如图 1-15 所示。

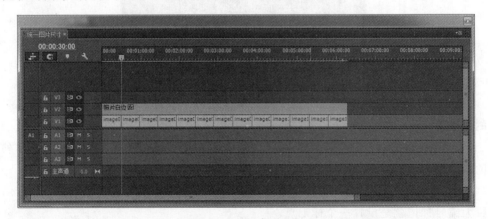

图 1-15　时间序列面板

时间序列面板中包括视频轨道(默认为 V1、V2、V3,根据需要可以进行添加),音频轨道(默认为 A1、A2、A3 和主声道,根据需要可以进行添加)。

时间序列面板中的常用按钮包括以下几种。

(1) 吸附按钮 ：用于拖到轨道上的素材自动与邻近的素材边缘黏合。

(2) 切换轨道锁定按钮 ：单击该按钮时,用于锁定轨道,轨道就不能进行任何编辑。

(3) 以此轨道为目标切换轨道按钮 V3：单击该按钮,表示该轨道为选中状态。

（4）切换同步锁定按钮■：单击该按钮可与切换轨道锁定按钮操作同步进行。

（5）切换轨道输出按钮■：单击该按钮，设置轨道中的内容是否在节目监视器面板中显示。

（6）播放指示器 `00:03:00:00`：用于显示编辑线在时间标尺上的位置。

（7）时间标尺 `00:00  00:01:00:00`：用于表示电影各帧的时间顺序，时间刻度可以由 1 帧到 5min。

（8）静音轨道按钮■：单击该按钮，可以使该轨道静音。

（9）独奏轨道按钮■：单击该按钮，可以使其他轨道静音，只播放该轨道的声音。

5．工具面板

工具面板用于对素材进行剪辑操作，包括选择工具、轨道选择工具、波纹编辑工具、滚动编辑工具、比率拉伸工具、剃刀工具、外滑工具、内滑工具、钢笔工具、手形工具和缩放工具等，如图 1-16 所示。

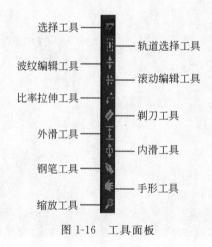

图 1-16　工具面板

6．效果控件面板

特效控件面板显示了时间序列轨道中选中的素材所应用的一系列效果，可以方便对各种特效进行更改设置，达到比较理想的状态效果，如图 1-17 所示。

图 1-17　效果控件面板

效果控件中的运动效果、不透明度效果和时间重映射效果为固定效果。效果控件面板的左边用于显示和设置各种特效效果；右边用于显示轨道中选定的素材相关信息。

7. 音轨混合器面板

在 Premiere Pro CC 中，可以对声音的大小和音阶进行调整。调整的位置既可以在效果控件面板中，也可以在音轨混合器面板中。音轨混合器面板如图 1-18 所示。在默认音频轨道中，音轨混合器包括音频 1、音频 2、音频 3 和主声道。音频 1、音频 2、音频 3 为普通立体声轨道；主声道为主控制轨道。

图 1-18　音轨混合器面板

1.3　面板的操作

Premiere Pro CC 的工作界面中包括进行影视制作的所有面板，用户可以对面板进行设置，如调整面板大小、关闭或开启面板、设置浮动面板和设置工作界面的颜色等。

1. 调整面板大小

面板的大小是不固定的，根据用户的喜爱可以自行设置，主要有左右大小调整和上下大小调整。

（1）左右大小调整：将鼠标移到左右两个相邻面板的边缘处，按住鼠标左键往左往右拖曳即可调整面板左右大小，如图 1-19 所示。

（2）上下大小调整：将鼠标移到上下两个相邻面板的边缘处，按住鼠标左键往上往下拖曳即可调整面板上下大小，如图 1-20 所示。

图 1-19　左右调整面板大小

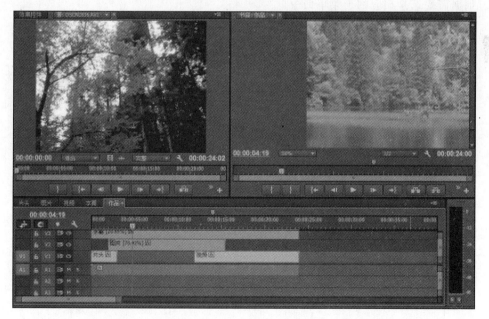

图 1-20　上下调整面板大小

图　1-20(续)

2. 关闭或开启面板

当用户在 Premiere Pro CC 工作界面中操作时,有时需要关闭某个不用的面板,将鼠标移到要关闭的面板右上角,单击按钮▼☰▐▌,弹出下拉菜单,如图 1-21 所示。当需要将某个面板在工作界面中显示出来时,可选择菜单"窗口"命令,弹出下拉菜单,如图 1-22 所示。根据需要选择相应的子菜单命令。

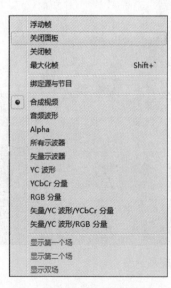

图 1-21　关闭面板

图 1-22　开启面板

3．设置浮动面板

单击某个要浮动的面板右上角按钮，弹出下拉菜单，选择"浮动面板"命令，如图 1-23 所示。

图 1-23　设置浮动面板

4．设置工作界面的颜色

Premiere Pro CC 的工作界面默认为黑底白字显示，如果用户不喜欢可以进行更改。选择"编辑"|"首选项"|"外观"命令，弹出"首选项"对话框，在亮度栏中的滑块进行设置，单击"确定"按钮，如图 1-24 所示。

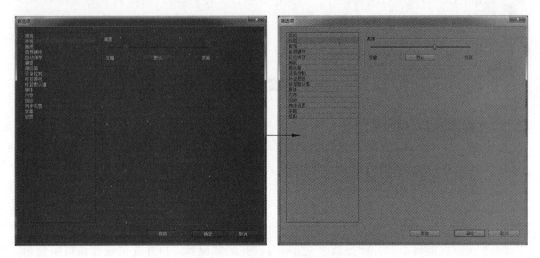

图 1-24　设置工作界面的颜色

1.4 Premiere Pro CC 的基本操作流程

1. 新建项目和序列

启动 Premiere Pro CC 软件，首先出现欢迎界面，提示新建或打开项目文件。首次使用时需要新建一个项目文件，确定项目文件的存储位置、名称等相关信息。然后进入 Premiere Pro CC 工作界面，需要新建一个序列，确定序列的预设类型、名称等相关信息，之后可进行下一步的内容编辑。

2. 将素材导入项目面板

创建项目和序列后，将需要剪辑的素材导入工作界面的项目面板中，导入的素材可以是 PSD 格式的图层文件、静态图像、动态的视频、音频以及 Premiere Pro CC 创建的项目文件等。

3. 编辑素材

根据自己的需要，将项目面板中的素材放置到序列的轨道中，进行剪辑、切割、分离、链接、组接等操作，同时可以为素材配置音乐，添加字幕。

4. 添加效果

在素材的编辑过程中，经常会为素材添加效果，使视频更加有美感。Premiere Pro CC 中可以为素材添加视频过渡效果、视频效果等。

5. 项目文件的保存

当完成需要的效果制作之后，就要对项目文件进行保存，可以选择"文件"|"保存"命令，也可用 Ctrl＋S 组合键进行保存。当保存好项目文件后，可以将序列中的制作结果导出为所需要播放媒体的文件，可以选择"文件"|"导出"|"媒体"命令，也可用 Ctrl＋M 组合键进行导出播放的媒体。

1.5 任务实现——分屏效果制作

分屏效果制作的操作步骤如下所示。

（1）启动 Premiere Pro CC 软件，出现启动界面，单击"新建项目"，弹出"新建项目"对话框，该对话框中的参数设置如图 1-25 所示，单击"确定"按钮，进入工作界面，按 Ctrl＋N 组合键，弹出"新建序列"对话框，单击"确定"按钮，进入序列面板窗口，如图 1-26 所示。

（2）选择"文件"|"导入"命令，弹出"导入"对话框，选择"爱的纪念.avi"文件，如图 1-27 所示，单击"打开"按钮，文件导入项目面板窗口中，如图 1-28 所示。

（3）在项目面板中，双击"爱的纪念.avi"，打开源监视器窗口并在监视器窗口中显示，如图 1-29 所示。

（4）选择"序列"|"添加轨道"命令，弹出"添加轨道"对话框，设置参数如图 1-30 所示，单击"确定"按钮，在"时间线"窗口中添加一条视频轨道，不添加音频轨道。

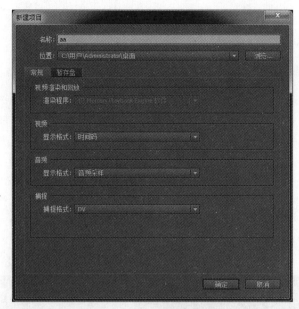

图 1-25　项目文件的参数设置

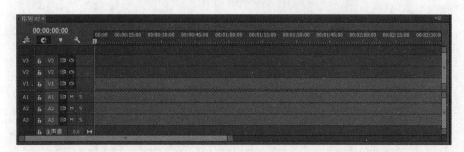

图 1-26　序列面板窗口

图 1-27　"导入"对话框

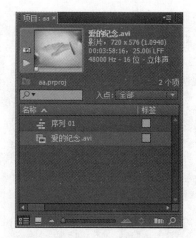

图 1-28　项目面板

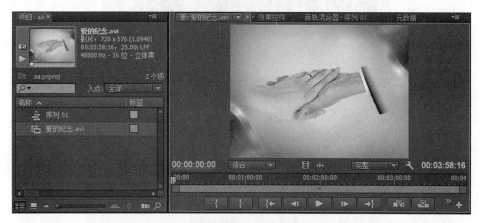

图 1-29　源监视器窗口

图 1-30　轨道参数设置

（5）在源监视器窗口中，设置第一段素材的入点和出点为 00:00:10:09 和 00:00:16:08，如图 1-31 所示。在源监视器窗口中，按住"仅拖动视频"按钮 ▓ 不放，将其拖到时间线的视频轨道 V1 中，使其与 0 位置对齐。

图 1-31 设置入点与出点

（6）用相同的方法设置第二段、第三段和第四段的素材入点和出点分别为 00:00:20:19 和 00:00:26:18,00:00:44:24 和 00:00:50:23,00:00:29:16 和 00:00:35:15，按住"仅拖动视频" ▓ 按钮不放，将其拖到时间线的视频轨道 V2、V3 和 V4 中，使其与 0 位置对齐，如图 1-32 所示。

图 1-32 将设置的素材片段拖入 V2、V3、V4 轨道

（7）在时间线上，选择视频轨道 V1 中的"爱的纪念.avi"，在"效果控件"中，展开"运动"选项，设置位置为 171.1 和 140.5，缩放比例设置为 45，如图 1-33 所示。

（8）用相同的方法设置，V2、V3 和 V4 轨道上的"爱的纪念.avi"运动位置为 539.4:141.5、184.1:424.6 和 537.2:423.1，如图 1-34 所示。

（9）在时间序列窗口中，选中 V1 轨道，将播放指针分别定位在 00:00:01:13、00:00:03:00 和 00:00:04:13 位置，按 Ctrl+K 组合键，截断素材，如图 1-35 所示。

（10）用相同的方法，对 V2、V3 和 V4 轨道上的素材进行截断，如图 1-36 所示。

（11）选中 V1 轨道中的第一段，右击该段，在弹出的快捷菜单中选择"复制"选项，然后在 V2 轨道中右击第二段，从弹出的快捷菜单中选择"粘贴属性"选项，在弹出的对话框中单击"确定"按钮（该操作将 V1 轨道中的第一段运动属性粘贴到 V2 轨道中的第二段）。

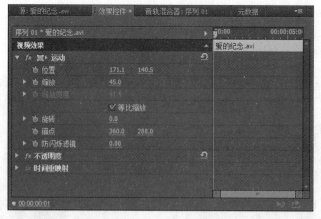

图 1-33　设置 V1 轨道素材的位置和缩放比例

图 1-34　设置 V2、V3、V4 轨道素材的位置和缩放比例

图 1-35　在 V1 轨道中定位播放指针位置

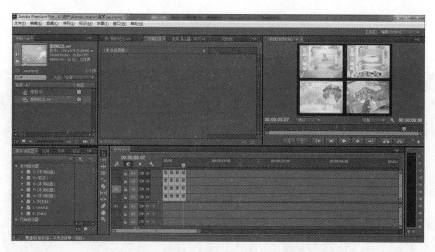

图 1-36　在 V2、V3、V4 轨道中定位播放指针位置

（12）选中 V2 轨道中的第一段，右击该段，在弹出的快捷菜单中选择"复制"选项，然后在 V3 轨道中右击第二段，从弹出的快捷菜单中选择"粘贴属性"选项（该操作将 V2 轨道中的第一段运动属性粘贴到 V3 轨道中的第二段）。

（13）选中 V3 轨道中的第一段，右击该段，在弹出的快捷菜单中选择"复制"选项，然后在 V4 轨道中右击第二段，从弹出的快捷菜单中选择"粘贴属性"选项（该操作将 V3 轨道中的第一段运动属性粘贴到 V4 轨道中的第二段）。

（14）选中 V4 轨道中的第一段，右击该段，在弹出的快捷菜单中选择"复制"选项，然后在 V1 轨道中右击第二段，从弹出的快捷菜单中选择"粘贴属性"选项（该操作将 V4 轨道中的第一段运动属性粘贴到 V1 轨道中的第二段）。

（15）设置完成后，V1、V2、V3 和 V4 轨道的第一段起始位置效果与第二段的起始位置效果如图 1-37 所示。

(a) 第一段起始位置效果

图 1-37　轨道中的第一段与第二段的起始位置效果

(b) 第二段起始位置效果

图 1-37(续)

(16) 用相同的方法,在四个素材的第二段和第三段之间重复步骤(10)～步骤(13)(完成第二次的循环移动),以此类推,得到的效果如图 1-38 所示。

(a) 第三段起始位置效果

图 1-38　轨道中的第三段与第四段的起始位置效果

(b) 第四段起始位置效果

图 1-38(续)

(17) 分屏效果制作完成,如图 1-39 所示。

图 1-39 最终效果

1.6 习题

（1）在自己计算机上安装 Premiere Pro CC 软件。

（2）在 Premiere Pro CC 软件的工作界面中，打开面板，并对其进行关闭、开启、调整面板左右与上下大小，然后在进行恢复设置，观察其更改的效果。

（3）导入外部素材（静态图像、动态视频、声音文件、Premiere Pro CC 项目文件）到项目面板中，并观察导入不同格式素材的外观状态。

（4）导入一个简单的素材，并在轨道中对其进行剪辑操作，之后保存项目文件并导出为媒体，观察导出的媒体格式有哪些？

素 材 导 入

本章学习内容

1. 常用文件格式；
2. 导入素材文件；
3. 解释素材；
4. 修改音频声道；
5. 查找素材；
6. 任务实现。

本章学习目标

1. 理解、领会常用的文件格式；
2. 掌握各种素材类型的导入方法；
3. 掌握导入素材后的解释素材；
4. 掌握 Premiere Pro CC 中素材的查找方法。

Premiere Pro CC 支持大部分主流的视频、音频、图像文件格式以及项目文件等，如图 2-1

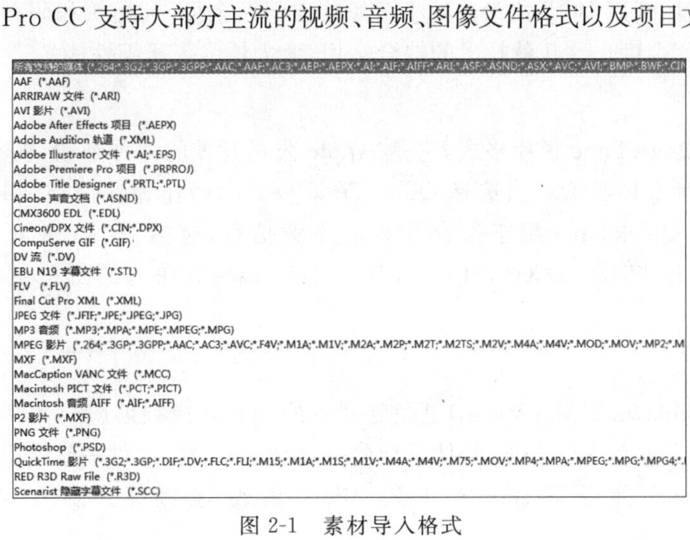

```
所有支持的媒体 (*.264;*.3G2;*.3GP;*.3GPP;*.AAC;*.AAF;*.AC3;*.AEP;*.AEPX;*.AI;*.AIF;*.AIFF;*.ARI;*.ASF;*.ASND;*.ASX;*.AVC;*.AVI;*.BMP;*.BWF;*.CIN
AAF (*.AAF)
ARRIRAW 文件 (*.ARI)
AVI 影片 (*.AVI)
Adobe After Effects 项目 (*.AEPX)
Adobe Audition 轨道 (*.XML)
Adobe Illustrator 文件 (*.AI;*.EPS)
Adobe Premiere Pro 项目 (*.PRPROJ)
Adobe Title Designer (*.PRTL;*.PTL)
Adobe 声音文档 (*.ASND)
CMX3600 EDL (*.EDL)
Cineon/DPX 文件 (*.CIN;*.DPX)
CompuServe GIF (*.GIF)
DV 流 (*.DV)
EBU N19 字幕文件 (*.STL)
FLV (*.FLV)
Final Cut Pro XML (*.XML)
JPEG 文件 (*.JFTF;*.JPE;*.JPEG;*.JPG)
MP3 音频 (*.MP3;*.MPA;*.MPE;*.MPEG;*.MPG)
MPEG 影片 (*.264;*.3GP;*.3GPP;*.AAC;*.AC3;*.AVC;*.F4V;*.M1A;*.M1V;*.M2A;*.M2P;*.M2T;*.M2TS;*.M2V;*.M4A;*.M4V;*.MOD;*.MOV;*.MP2;*.M
MXF (*.MXF)
MacCaption VANC 文件 (*.MCC)
Macintosh PICT 文件 (*.PCT;*.PICT)
Macintosh 音频 AIFF (*.AIF;*.AIFF)
P2 影片 (*.MXF)
PNG 文件 (*.PNG)
Photoshop (*.PSD)
QuickTime 影片 (*.3G2;*.3GP;*.DIF;*.DV;*.FLC;*.FLI;*.M15;*.M1A;*.M1S;*.M1V;*.M4A;*.M4V;*.M75;*.MOV;*.MP4;*.MPA;*.MPEG;*.MPG;*.MPG4;*.
RED R3D Raw File (*.R3D)
Scenarist 隐藏字幕文件 (*.SCC)
```

图 2-1　素材导入格式

所示。常用的视频格式包括 AVI、MPEG、MOV、WMV、FLV、ASF 等;音频文件包括 WAV、MP3、WMA 等;图像文件包括 BMP、JPEG、GIF、AI、PNG、PSD、TIF;项目文件包括 PPJ、PRPROJ、PLB、AAF 等。

2.1　常用文件格式介绍

下面对常用的文件格式进行简单的介绍。

1. AVI 格式

AVI(Audio Video Interleaved)格式是音频视频交错的格式。它于 1992 年被 Microsoft 公司推出,随 Windows 3.1 一起被人们所认识和熟知。所谓音频视频交错,就是可以将视频和音频交织在一起进行同步播放。这种视频格式的优点是图像质量好,可以跨多个平台使用,其缺点是体积过于庞大,而且压缩标准不统一,最普遍的现象就是高版本 Windows 媒体播放器播放不了采用早期编码编辑的 AVI 格式视频,而低版本 Windows 媒体播放器又播放不了采用最新编码编辑的 AVI 格式视频,所以在进行一些 AVI 格式的视频播放时,常会出现由于视频编码问题而造成的视频不能播放;或即使能够播放,但存在不能调节播放进度;播放时只有声音没有图像等一系列问题。如果用户在进行 AVI 格式的视频播放时遇到了这些问题,可以通过下载相应的解码器米解决。

2. MPEG

MPEG(Moving Picture Experts Group,动态图像专家组)是 ISO(International Standardization Organization,国际标准化组织)与 IEC(International Electrotechnical Commission,国际电工委员会)于 1988 年成立的专门针对运动图像和语音压缩制定国际标准的组织。

MPEG 标准的视频压缩编码技术主要利用了具有运动补偿的帧间压缩编码技术以减小时间冗余度,利用 DCT 技术以减小图像的空间冗余度,利用熵编码则在信息表示方面减小了统计冗余度。这几种技术的综合运用,大大增强了压缩性能。

3. MOV

MOV 即 QuickTime 影片格式,它是 Apple 公司开发的一种音频、视频文件格式,用于存储常用数字媒体类型。当选择 QuickTime(∗.mov)作为保存类型时,动画将保存为.mov 文件。QuickTime 用于保存音频和视频信息,包括 Apple Mac OS,Microsoft Windows 95/98/NT/2003/XP/VISTA,甚至 Windows 7 在内的所有主流计算机平台支持。

4. WMV

WMV(Windows Media Video)是微软开发的一系列视频编解码和其相关的视频编码格式的统称,是微软 Windows 媒体框架的一部分。WMV 文件一般同时包含视频和音频部分。视频部分使用 Windows Media Video 编码,音频部分使用 Windows Media Audio 编码。

5. FLV

FLV 是 FLASH VIDEO 的简称，FLV 流媒体格式是随着 Flash MX 的推出发展而来的视频格式。由于它形成的文件极小、加载速度极快，使网络观看视频文件成为可能，它的出现有效地解决了视频文件导入 Flash 后，使导出的 SWF 文件体积庞大，不能在网络上很好地使用等问题。

6. ASF

ASF 是 Advanced Streaming Format（高级串流格式）的缩写，ASF 是微软公司 Windows Media 的核心，是一种包含音频、视频、图像以及控制命令脚本的数据格式，可与 WMA 及 WMV 互换使用。利用 ASF 文件可以实现点播功能、直播功能以及远程教育，具有本地或网络回放、可扩充的媒体类型等优点。

2.2　导入素材文件

2.2.1　导入 PSD 图层文件

在 Premiere Pro CC 中可以导入由 Photoshop 创建的 PSD 文件。选择“文件”|“导入”命令，打开“导入”对话框，在该对话框中选择所需要的 PSD 文件，单击“打开”按钮，将打开“导入分层文件：扇子”对话框，如图 2-2 所示。在其中选择相应的选项后，单击“确定”按钮。

图 2-2　“导入分层文件：扇子”对话框

“导入分层文件：扇子”对话框中各选项的作用如下。

（1）导入为选项：单击右边下拉列表框，可以选择“合并所有图层”“合并的图层”“各个图层”和“序列”。

当选择“合并所有图层”时，将合并全部图层为一个普通的图像文件，如图 2-3 所示。

当选择“合并的图层”时，可以选取需要的图层合并为一个普通的图像文件导入，如图 2-4 所示。

当选择“各个图层”时，可以选取需要的图层，并将这些选取的图层作为独立的图像，导入时在项目窗口中会自动产生一个文件夹，只包括图层文件，如图 2-5 所示。选择素材

图 2-3　选择"合并所有图层"导入图像

图 2-4　选择"合并的图层"导入图像

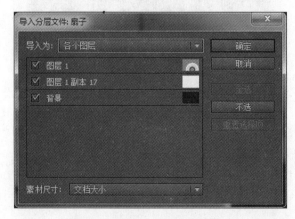

图 2-5　选择"各个图层"导入图像

尺寸的大小为"文档大小"时,这些独立的图层大小均统一为文档尺寸的大小。

　　当选择"序列"时,在项目窗口中会自动产生一个文件夹,其中包括序列文件和图层素材,如图 2-6 所示。以序列的方式导入图层后,会按照图层的排列方式自动产生一个序列,可以打开该序列设置动画,进行编辑,如图 2-7 所示。

图 2-6 选择"序列"导入图像

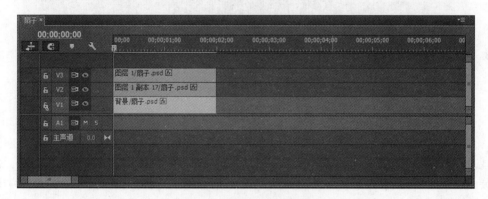

图 2-7 打开"扇子"序列

（2）素材尺寸：单击右边下拉列表框，可设置素材的尺寸大小，包括文档大小和图层大小，如图 2-8 所示。素材尺寸大小只有在导入中选择各个图层或序列方可起作用。

图 2-8 "导入分层文件：扇子"的素材尺寸

当选择文档大小时,分离的图层大小均统一为文档尺寸的大小;当选择图层大小时,分离的图层大小为各自实际的大小。

2.2.2 导入图片和图片序列

1. 导入图片

图片是制作视频的重要素材,在 Premiere Pro CC 中要导入图片素材,选择"文件"|"导入"命令,打开"导入"对话框,在"导入"对话框中选择需要的图片,单击"打开"按钮即可导入项目面板中,如图 2-9 所示。

图 2-9 导入图片到项目面板中

2. 导入图片序列

序列文件以数字序号为序进行排列,当需要导入的图片素材很多时,可以以图片序列方式进行导入,使其由多幅以序列排列的图片组成,其中每幅图片在视频中代表 1 帧。但在导入图像时,必须保证图像的名称是连续的序列,且每个图像名称之间的数值差为 1,如 1、2、3、4 或 01、02、03、04。

在 Premiere Pro CC 中要导入图片序列素材,选择"文件"|"导入"命令,打开"导入"对话框,在"导入"对话框中选择需要的图像,然后在该对话框下方选择"图像序列"复选框,如图 2-10 所示。单击"打开"按钮即可导入项目面板中,如图 2-11 所示。

图 2-10 导入序列图像对话框

图 2-11 导入序列图像到项目面板中

2.2.3 导入影片文件

在 Premiere Pro CC 中制作视频时,需要导入一些现有的影片作为视频的素材。需要导入时,选择"文件"|"导入"命令,打开"导入"对话框,在该对话框中的"文件类型"下拉列表框中选择需要导入的影片格式,选择影片文件,如图 2-12 所示,单击"打开"按钮即可导入项目面板中,如图 2-13 所示。

图 2-12 导入影片对话框

图 2-13 导入影片到项目面板中

2.2.4　导入音频文件

在 Premiere Pro CC 中制作视频时,需要导入一些现有的音频作为视频的背景声音,使视频更加地动感。需要导入时,选择"文件"|"导入"命令,打开"导入"对话框,在该对话框中的"文件类型"下拉列表框中选择需要导入的音频格式,选择音频文件。单击"打开"按钮即可导入项目面板中,如图 2-14 所示。

图 2-14　导入音频文件到项目面板中

2.2.5　导入 Premiere Pro CC 项目文件

Premiere Pro CC 可以在一个项目中导入另一个 Premiere 项目文件。在新建项目文件中导入已存在的项目文件并进行修改编辑时,不会影响原来被导入的项目文件。导入项目文件与导入图片、视频等操作过程类似。选择"文件"|"导入"命令,弹出"导入"对话框,选择"项目文件",单击"打开"按钮,弹出"导入项目:分屏效果"对话框,如图 2-15 所示,选择"导入整个项目"选项,将导入项目文件的全部内容,如图 2-16 所示。

图 2-15　"导入项目:分屏效果"对话框

图 2-16　导入整个项目文件

在"导入项目：分屏效果"对话框中选择"导入所选序列"，将导入所选择的序列及其相关内容，如图 2-17 所示。

图 2-17 导入项目文件中所选序列

2.3 解释素材

对于导入的图像文件和视频文件，可以通过解释素材的功能来修改其属性。在项目面板中的素材文件上右击，弹出快捷菜单，选择"修改"|"解释素材"命令，如图 2-18 所示，弹出"修改剪辑"对话框，如图 2-19 所示。

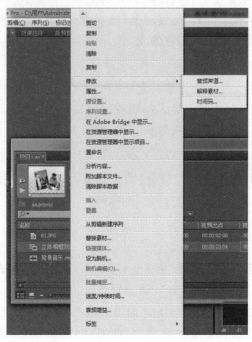

图 2-18 选择"解释素材"命令

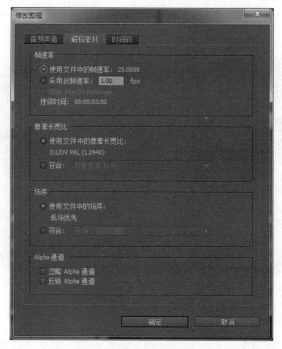

图 2-19 "修改剪辑"对话框

1. 帧速率

帧速率选项包括"使用文件中的帧速率"和"采用此帧速率"两种。当选择"使用文件中的帧速率"选项时，则默认使用导入视频的原始速率。当选择"采用此帧速率"选项时，可以输入新的帧速率值，在下方的"持续时间"选项会显示视频的播放时间长度。帧速率被改变时，视频的时间长度会发生相应的变化。

2. 像素长宽比

像素长宽比有"使用文件中的像素长宽比"和"符合"两种选项。当选择"使用文件中的像素长宽比"选项时，则默认使用导入视频的原始长宽比。当选择"符合"选项时，可以在右边的下拉列表框中选择需要的视频长宽比，如图 2-20 所示。

3. 场序

场序有"使用文件中的场序"和"符合"两种选项。当选择"使用文件中的场序"选项时，则默认使用"低场优先"。当选择"符合"选项时，可以在右边的下拉列表框中选择需要的场序，如图 2-21 所示。

4. Alpha 通道

Alpha 通道有"忽略 Alpha 通道"和"反转 Alpha 通道"两种选项。在 Premiere Pro CC 中导入带有透明通道的文件时，会自动识别该通道。当选择"忽略 Alpah 通道"选项时，则忽略使用 Alpha 通道，即关闭 Alpha 通道的透明属性，将原来透明的部分以不透明的黑底色代替。当选择"反转 Alpha 通道"选项时，则保存透明通道中的信息，同时也保存可见的 RGB 通道中的相同信息，即将透明与不透明的区域反转，如图 2-22 所示。

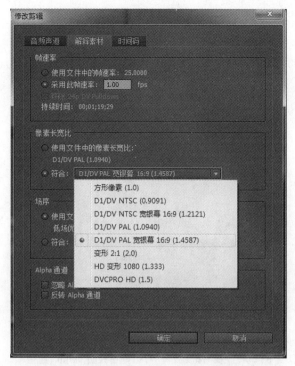

图 2-20　在"修改剪辑"对话框中设置像素长宽比

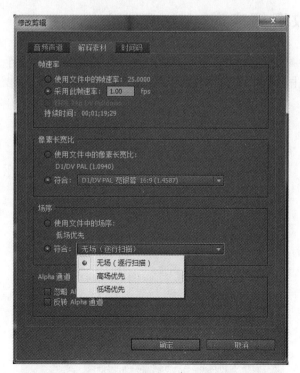

图 2-21　在"修改剪辑"对话框中设置场序

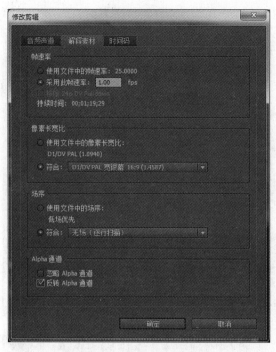

图 2-22 在"修改剪辑"对话框中设置 Alpha 通道

2.4 修改音频声道

对于导入的音频文件,可以通过修改音频声道功能来修改其属性。在项目面板中的音频素材文件上右击,弹出快捷菜单,选择"修改"|"音频声道"命令,弹出"修改剪辑"对话框,如图 2-23 所示。在"音频声道"选项卡中的预设下拉列表框中选择所需要的声道,如图 2-24 所示。

图 2-23 音频"修改剪辑"对话框

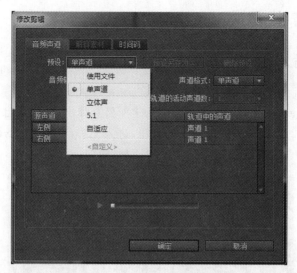

图 2-24　"音频声道"预设选项

2.5　查找素材

在项目面板中,可以根据素材的名字、属性或附属的说明和标签进行搜索,如查找具有相同扩展名的素材文件,＊.mp3、＊.jpg 等。在项目面板中单击查找按钮或右击,在弹出的快捷菜单中选择"查找"命令,弹出"查找对话框",如图 2-25 所示。

图 2-25　"查找"对话框

在"查找"对话框中选择查找的素材属性,可按照素材的名称、媒体类型和卷标等属性进行查找。在"匹配"选项的下拉列表框中可以选择查找的关键字是全部匹配还是部分匹配。当选择"区分大小写"选项时,则关键字的大小写必须输入正确。

在"查找"对话框中的右侧文本框中输入要查找素材的名称,然后单击"查找"按钮,系统会自动在项目面板中查找到输入的素材文件,单击"完成"按钮,即关闭"查找"对话框。

2.6 任务实现

2.6.1 "音乐达人"视频

操作步骤如下。

(1) 启动 Premiere Pro CC 软件,单击"新建项目",弹出"新建项目"对话框,该对话框中的参数设置如图 2-26 所示,单击"确定"按钮,进入工作界面,按 Ctrl＋N 组合键,弹出新建序列对话框,单击"确定"按钮,进入"序列面板"窗口。

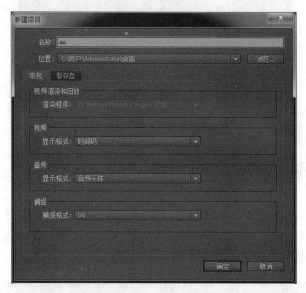

图 2-26　项目文件的参数设置

(2) 选择"文件"|"导入"命令,弹出"导入"对话框,选择 01.png 文件,单击"打开"按钮,文件被导入项目面板窗口中,如图 2-27 所示。

图 2-27　导入 01 图片到项目面板

(3) 选择"文件"|"导入"命令,弹出"导入"对话框,选择"背景视频.mov"文件,单击"打开"按钮,文件被导入项目面板窗口中,如图 2-28 所示。

图 2-28　导入背景视频到项目面板

（4）将项目面板窗口中的"背景视频.mov"拖到序列 01 面板中的视频轨道 V1 起始处，如图 2-29 所示。

图 2-29　背景视频拖到 V1 轨道

（5）将项目面板窗口中的 01.png 拖到序列 01 面板中的视频轨道 V2 起始处，如图 2-30 所示，将鼠标光标移到视频轨道 V2 上的 01 素材中，右击会弹出快捷菜单，选择"速度/持续时间"命令，如图 2-31 所示。接着弹出"剪辑速度/持续时间"对话框，如图 2-32 所示，将持续时间设置为 00:00:14:24。单击"确定"按钮，效果如图 2-33 所示。

图 2-30　将 01.png 拖到 V2 轨道

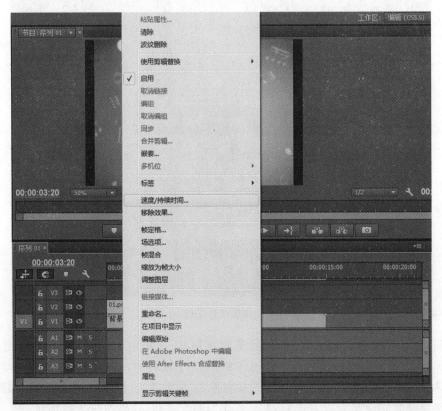

图 2-31　选择"速度/持续时间"命令

图 2-32　"剪辑速度/持续时间"对话框

图 2-33　设置 01.png 的"持续时间"效果

（6）音乐达人视频效果制作完成，如图 2-34 所示。

2.6.2　"日出与日落"视频

操作步骤如下。

（1）启动 Premiere Pro CC 软件，出现启动界面，单击"新建项目"，弹出"新建项目"对话框，该对话框中的"名称"选项设置为 aa，单击"确定"按钮，进入工作界面。按 Ctrl＋N 组合键，弹出"新建序列"对话框，单击"确定"按钮，进入"序列面板"窗口。

图 2-34　最终效果

（2）选择"文件"|"导入"命令，弹出"导入"对话框，选择 000.gif 文件，在下方选择"图像序列"，单击"打开"按钮，文件被导入项目面板窗口中，如图 2-35 所示。

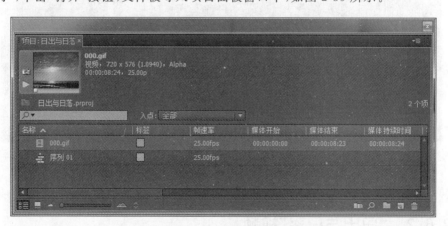

图 2-35　导入"000.gif"图片到项目面板

（3）选择"文件"|"导入"命令，弹出"导入"对话框，选择 01.mov、02.mov、03.mov 文件，单击"打开"按钮，文件被导入项目面板窗口中，如图 2-36 所示。

（4）将项目面板窗口中的 01.mov 拖到序列 01 面板中的视频轨道 V1 起始处，如图 2-37 所示；再将 000.gif 图片拖到视频轨道 V1 中的 01.mov 出点处，如图 2-38 所示。

图 2-36 导入 01.mov、02.mov、03.mov 视频到项目面板

图 2-37 将 01.mov 视频拖到视频轨道 V1 中

图 2-38　将 000.gif 图片拖到视频轨道 V1 中

　　(5) 将项目面板窗口中的 03.mov 拖到视频轨道 V1 中的 000.gif 出点处,如图 2-39 所示;再将 02.mov 视频拖到视频轨道 V1 中的 03.mov 出点处,如图 2-40 所示。

图 2-39　将 03.mov 视频拖到视频轨道 V1 中

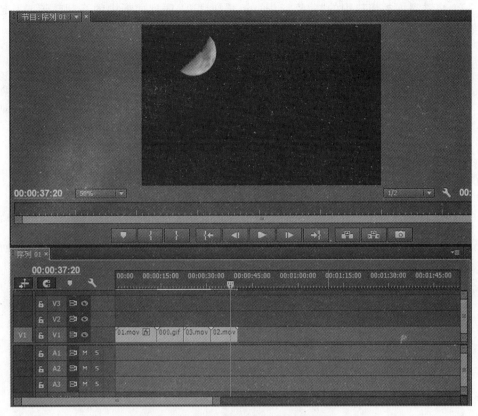

图 2-40 将 02.mov 视频拖到视频轨道 V1 中

（6）选择"文件"|"导入"命令，弹出"导入"对话框，选择"背景音乐.mp3"文件，单击"打开"按钮，文件被导入项目面板窗口中，如图 2-41 所示。

图 2-41 导入背景音乐到项目面板

（7）将项目面板窗口中的"背景音乐.mp3"拖到01序列面板中的音频轨道A1起始处，如图2-42所示。

图2-42　将背景音乐拖到音频轨道A1中

（8）将时间播放针移到00:00:39:22处，按Ctrl＋K组合键，切割音频，如图2-43所

图2-43　切割音频文件

示,选中音频轨道 A1 右边被切割的音频片段,按 Delete 键,将其删除,如图 2-44 所示。

图 2-44 删除选中的音频片段

(9)日出与日落视频效果制作完成,如图 2-45 所示。

图 2-45 最终效果

2.7 习题

（1）选取几张 jpg 图像文件导入 Premiere Pro CC 中，并设置图像长度为 3 秒。

（2）将日出与日落中的日落素材文件，先导入动态序列，再导入一张静止图像，观察其不同效果。

（3）到网络上下载一个分层图像文件，分别按序列方式和文档大小方式导入 Premiere Pro CC 中，观察其不同效果。

编 辑 工 具

本章学习内容

1. 选择工具；

2. 轨道选择工具；

3. 波纹编辑工具；

4. 滚动编辑工具；

5. 比率拉伸工具；

6. 剃刀工具；

7. 外滑工具；

8. 内滑工具；

9. 钢笔工具；

10. 手形工具；

11. 缩放工具；

12. 任务实现。

本章学习目标

1. 熟练掌握 Premiere Pro CC 中编辑工具的应用方法；

2. 理解、领会各编辑工具快捷键的功能。

Premiere Pro CC 提供了 11 种编辑工具，放在一个独立的面板中，该面板可以放置在软件界面的任何位置，也可以以浮动的方式显示在软件主界面的前面。根据个人的操作习惯，可以对工具面板进行布局的显示调整，如图 3-1 所示。本章主要介绍 11 种编辑工具的功能和操作方法，通过熟练掌握编辑工具的使用，可以有效地提高和快速处理视频编辑。

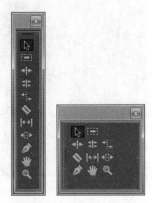

图 3-1　调整工具面板显示布局

3.1 工具的介绍

Premiere Pro CC 提供了 11 种编辑工具,分别为选择工具、轨道选择工具、波纹编辑工具、滚动编辑工具、比率拉伸工具、剃刀工具、外滑工具、内滑工具、钢笔工具、手形工具和缩放工具。

3.1.1 选择工具

选择工具 的快捷键为 V,使用选择工具,单击时间线序列面板轨道中的素材,可以将其选中,如图 3-2 所示。若要对素材的位置进行移动,可以将光标移到要移动的素材上按住鼠标左键不放,向需要移动的位置移,确定后放开鼠标即可,如图 3-3 所示。若要同时选择多个轨道中的素材,则按住 Shift 键逐个单击轨道素材,可将多个轨道上的素材同时选中。

图 3-2　使用选择工具选择轨道中的素材

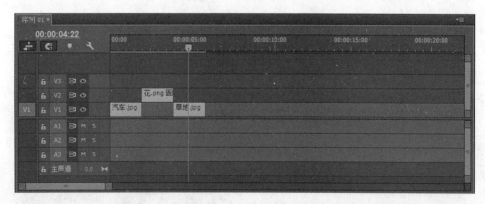

图 3-3　使用选择工具移动轨道中素材的位置

另外,将光标移到某个素材的入点或出点处时,可以调整其素材的入点和出点。例如,将光标移到某一素材的出点处时,按住鼠标左键不放向入点方向拖动,可对其素材的出点部分进行剪切,如图 3-4 所示。

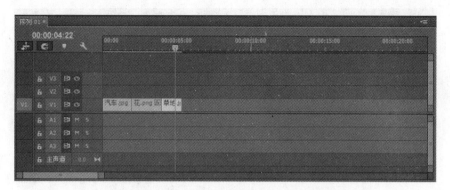

图 3-4　使用选择工具对素材的出点进行剪切

3.1.2　轨道选择工具

　　轨道选择工具  的快捷键为 A，使用轨道选择工具，选择时间线序列面板轨道中位于光标右侧的所有素材，如图 3-5 所示。若要选择某个素材及其所在轨道中右侧的素材，则单击素材，如图 3-6 所示。若要选择某个素材以及所有轨道中位于其右侧的全部素材，则按住 Shift 键单击该素材，如图 3-7 所示。按住 Shift 键可将轨道选择工具切换为多轨道选择工具。在使用轨道选择工具选择素材时，可在选中时按住鼠标左键不放对其素材进行位置移动，如图 3-8 所示。

图 3-5　使用轨道选择工具选择轨道中的素材

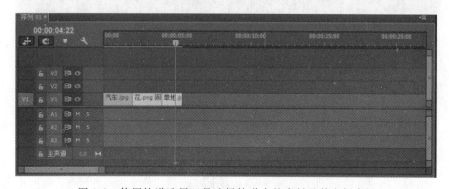

图 3-6　使用轨道选择工具选择轨道中的素材及其右侧素材

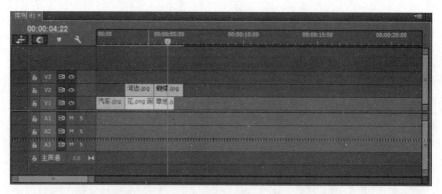

图 3-7　使用轨道选择工具选择轨道中的素材及所有轨道的右侧素材

图 3-8　使用轨道选择工具选择轨道中的素材并移动

3.1.3　波纹编辑工具

波纹编辑工具 ↔ 的快捷键为 B,波纹编辑工具只应用于某一段素材。使用该工具更改当前素材的入点或出点的同时,时间线上的其他素材片段相应滑动,使在同一轨道中相连接素材的总的长度发生变化。例如,将光标移到如图 3-9 所示的中间素材入点处,按住鼠标左键不放向左边的素材移动,如图 3-10 所示;将光标移到如图 3-9 所示的中间素材出点处,按住鼠标左键不放向右边的素材移动,如图 3-11 所示。

图 3-9　轨道中的素材

图 3-10　使用波纹工具将中间素材的入点向左边移动

图 3-11　使用波纹工具将中间素材的出点向右边移动

3.1.4　滚动编辑工具

滚动编辑工具的快捷键为 N。滚动编辑工具作用在两段素材之间的编辑点上，当使用该工具进行拖动时，会使相邻素材一段缩短，另一段变长，而相连接素材的总长度不发生变化。例如，将光标移到如图 3-12 所示的第一段素材入点处，按住鼠标左键不放往右边移动，如图 3-13 所示；将光标移到如图 3-12 所示的第一段素材出点处，按住鼠标左键不放往左边移动，如图 3-14 所示。

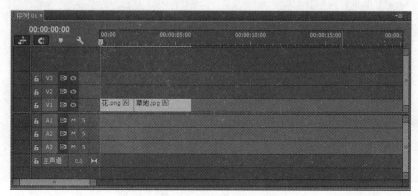

图 3-12　轨道中两段素材

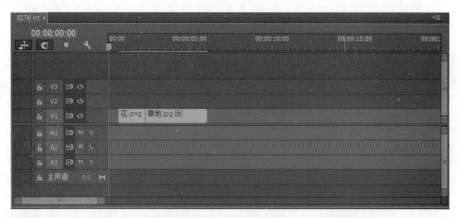

图 3-13　使用滚动工具将第一段素材的入点往右边移

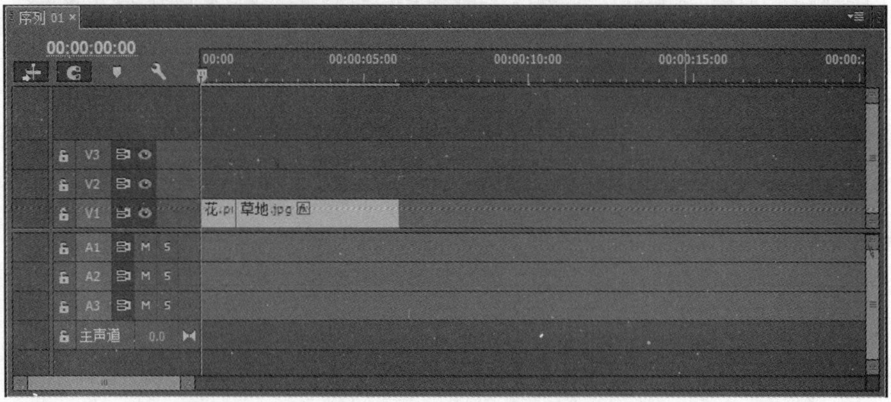

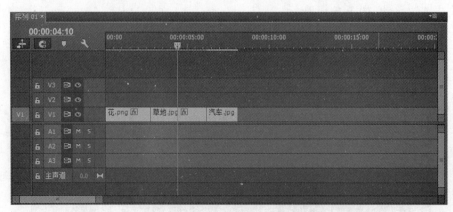

图 3-14　使用滚动工具将第一段素材的出点往左边移

例如,将光标移到如图 3-15 所示的中间素材入点处,按住鼠标左键不放往右边移动,第一段素材的出点变长,中间素材的入点变短,三段素材的总长度不变,如图 3-16 所示;将光标移到如图 3-15 所示的中间素材出点处,按住鼠标左键不放往左边移动,中间素材的出点变短,第三段素材的入点变长,三段素材的总长度不变,如图 3-17 所示。

图 3-15　轨道中三段素材

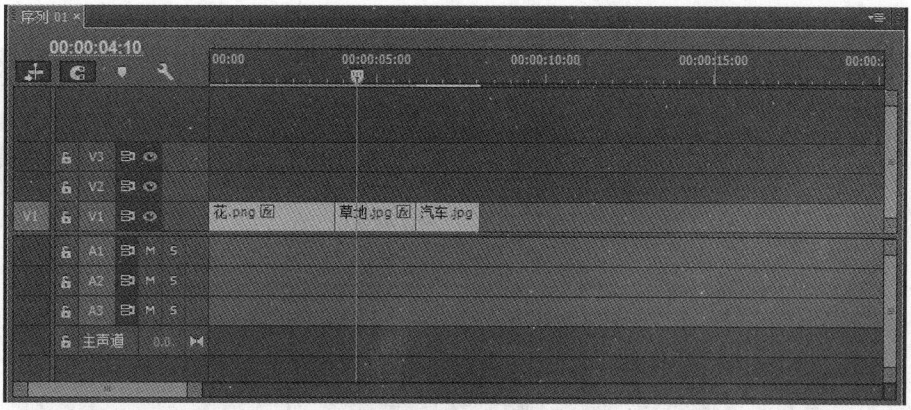

图 3-16 使用滚动工具将中间素材的入点往右边移

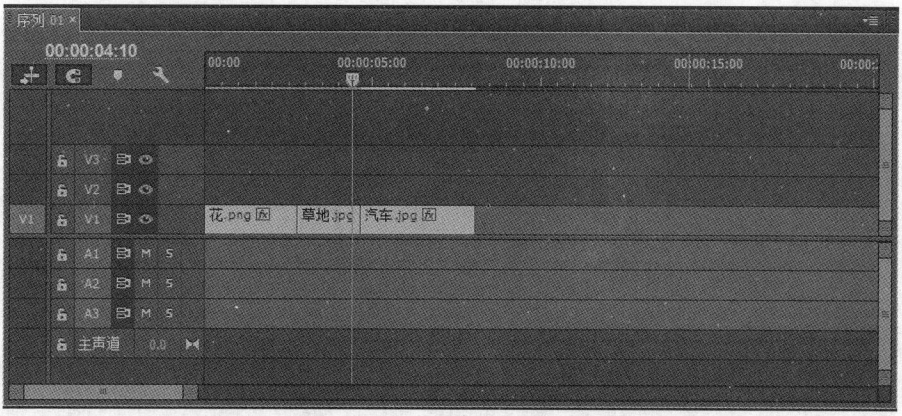

图 3-17 使用滚动工具将中间素材的出点往左边移

3.1.5 比率拉伸工具

比率拉伸工具 的快捷键为 R。比率拉伸工具可用来改变素材片段的时间长度,并调整片段的速率以适应新的时间长度。常用于对视频剪辑的持续时间或速度变化要求不是很精确的情况,所以经常用该工具快速制作快镜头或慢镜头。例如,将光标移到如图 3-18 所示的素材出点处,按住鼠标左键不放往左边移动,该素材的总长度变短,如图 3-19 所示。将光标移到如图 3-18 所示的素材出点处,按住鼠标左键不放往右边移动,该素材的总长度变长,如图 3-20 所示。

对于动态视频,使用比率拉伸工具使视频长度变短,播放速度变快;反之变慢。

若要制作精确的快/慢镜头,在"源"监视器窗口,右击弹出快捷菜单中的"速度/持续时间"命令,弹出"剪辑速度/持续时间"对话框,在该对话框中改变素材的播放速率;或者在"序列"面板轨道中选中素材,右击弹出快捷菜单中的"速度/持续时间"命令,弹出"剪辑速度/持续时间"对话框,在该对话框中改变素材的播放速率。轨道中素材改变前后如图 3-21(a)和图 3-21(b)所示。

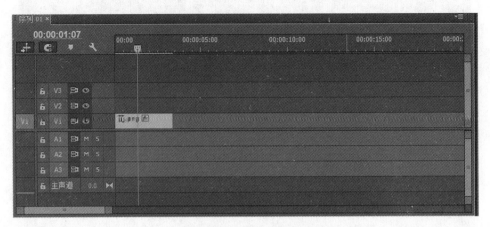

图 3-18　轨道中的单段素材

图 3-19　使用比率拉伸工具将素材的出点往左边移

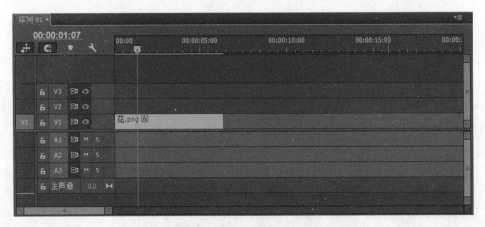

图 3-20　使用比率拉伸工具将素材的出点往右边移

（a）轨道中素材长度改变之前

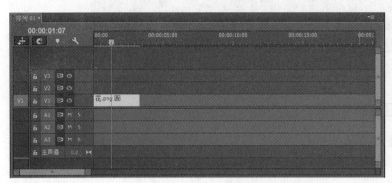

（b）轨道中素材长度改变之后

图 3-21　轨道中素材长度改变前后

3.1.6　剃刀工具

剃刀工具快捷键为 C，剃刀工具的作用是可以将一个素材在指定的位置分割为两段相对独立的素材。首先确定素材的分割点，然后将光标移到分割点处，单击，素材即可分割，如图 3-22 所示。

图 3-22　使用剃刀工具分割素材

对于素材精准的分割,要结合"时间序列"面板中的"时间播放针"来使用。素材的切割常用于将不需要的素材内容分割后进行删除;也用于将一个素材分割为多个片段后,为每个素材片段分别添加不同的效果等。

若要在某个时间位置分割所有轨道中的素材,则可按 Shift 键并在确定的时间播放针位置上单击即可,如图 3-23 所示。

图 3-23　分割所有轨道中的素材

3.1.7　外滑工具

外滑工具的快捷键为 Y。外滑工具的作用可同时更改时间轴中素材的入点和出点,并保留入点和出点之间的时间间隔不变。外滑工具相当于两段素材之间滑动目标素材(中间素材)。外滑工具通常用于三个相邻素材的中间素材,在不影响前后素材的情况下,在素材本身中重新选择更合适的某个区域。外滑工具也可以应用在修剪过的一段素材上。

例如,如图 3-24 所示,将光标移到中间素材的入点处,按住鼠标左键不放,往右边稍微移一点,出现如图 3-25 所示界面,该界面中的左上图为轨道中左边素材的出点,左下图

图 3-24　轨道中使用外滑工具的素材

图 3-25　使用外滑工具滑动中间素材的入点效果

为中间素材的入点,右上图为右边素材的入点,右下图为中间素材的出点。

　　例如,如图 3-24 所示,将光标移到中间素材的入点处,按住鼠标左键不放,往右边移动,移动到使节目监视器上的播放指标器值为 00:00:02:00 处即可,出现如图 3-26 所示界面,该界面中的左上图保持不变,左下图为中间素材的入点发生变化即入点长度变长,

图 3-26　使用外滑工具改变中间素材的入点长度

右上图为右边素材的入点保持不变,右下图为中间素材的出点发生变化即出点长度变短。如图 3-27 所示,图 3-27(a)为没有使用外滑工具的初始状态,图 3-27(b)为使用外滑工具调整后的初始状态。

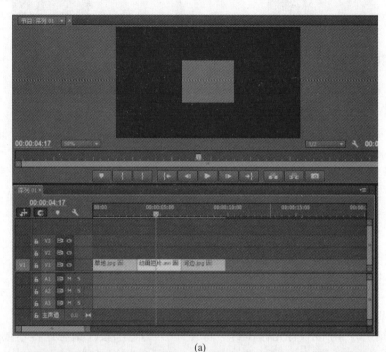

(a)

(b)

图 3-27 使用外滑工具改变中间素材入点后的前后效果

3.1.8 内滑工具

内滑工具 的快捷键为 U。内滑工具的作用可将时间轴中的某个素材向左或向右移动,同时修剪其相邻的两个素材,三个素材的组合持续时间以及该组在时间轴中位置将保持不变。内滑工具通常用于三个相邻素材的中间素材,不会影响这三个素材之外的其他素材。内滑工具可以应用于修剪过的两个相邻素材,将另一侧视为空白区域。

例如,如图 3-28 所示,将光标移到中间素材的入点处,按住鼠标左键不放,往右边稍微移一点,出现如图 3-29 所示界面。该界面中,标注①的图为轨道中中间素材的入点,标注②的图为左边素材的出点,标注③的图为中间素材的出点,标注④的图为右边素材的入点。

图 3-28 轨道中的使用内滑工具的素材

例如,如图 3-28 所示,将光标移到中间素材的入点处,按住鼠标左键不放,往右边移动,移动到使节目监视器上的播放指标器值为 00:00:02:00 处即可,出现如图 3-30 所示界面,该界面中,标注①的图保持不变;标注②的图为左边素材的出点,位置发生变化,即素材长度变长;标注③的图为中间素材的出点,保持不变;标注④的图为右边素材的入点,位置发生变化,即素材长度变短。经过内滑工具改变后,素材效果如图 3-31 所示。

3.1.9 钢笔工具

钢笔工具 的快捷键为 P。钢笔工具可以设置或选择关键帧,也可以调整时间轴中的水平线。使用钢笔工具,单击水平线可添加关键帧,如图 3-32 所示。若要调整关键帧,按住 Ctrl 键,可以改变钢笔工具显示的形状,然后对关键帧进行调整,如图 3-33 所示。使用

图 3-29　使用内滑工具滑动中间素材的入点效果

图 3-30　使用内滑工具改变中间素材的入点位置

图 3-31 使用内滑工具改变后的素材效果

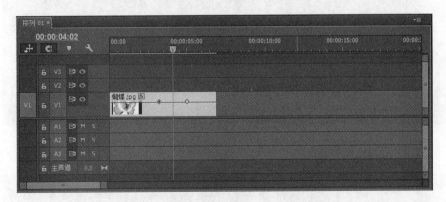

图 3-32 使用钢笔工具在轨道中添加关键帧

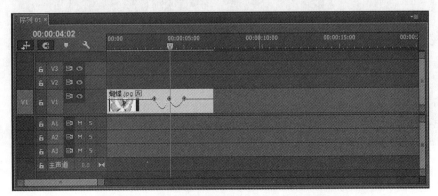

图 3-33 使用钢笔工具调整轨道中关键帧曲线

钢笔工具也可以整体调整水平线的高低,垂直拖动水平线以调整不透明度,如图 3-34 所示。使用钢笔工具,要选择非连续的关键帧,可以按住 Shift 键并单击相应关键帧,如图 3-35 所示。若要选择某一区域的关键帧,可以使用框选方法选中这些关键帧,如图 3-36 所示。

图 3-34　使用钢笔工具调整轨道中素材的不透明度

图 3-35　使用钢笔工具并按住 shift 键选择多个关键帧

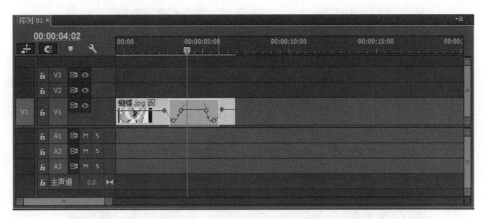

图 3-36 使用钢笔工具并按住鼠标左键框选择多个关键帧

3.1.10 手形工具

手形工具快捷键为 H。手形工具的作用可以向右或向左移动时间轴的查看区域。使用手形工具，在查看区域内的任意位置按住鼠标左键向右或向左拖动，以查看不同部分内容，如图 3-37 所示。

图 3-37 使用手形工具查看时间面板中轨道素材

手形工具也可以用于在监视器面板放大的画面上进行查看，将光标移到监视器面板中，按住鼠标左键进行拖动查看局部内容，如图 3-38 所示。

图 3-38　使用手形工具查看节目监视器面板中素材

3.1.11　缩放工具

缩放工具 的快捷键为 Z。缩放工具用于放大或缩小时间轴的查看区域。使用缩放工具,在查看区域中单击将以 1 倍为增量进行放大;按住 Alt 键并单击,将以 1/2 倍为变量进行缩小,如图 3-39 所示。

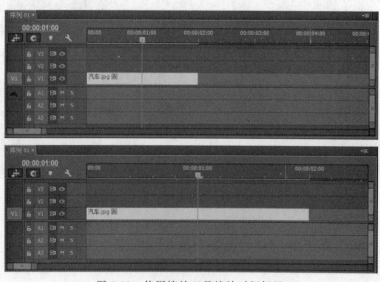

图 3-39　使用缩放工具缩放时间标尺

3.2 任务实现

3.2.1 设置"动画短片"入点与出点

操作步骤如下。

(1) 启动 Premiere Pro CC 软件,新建序列。

(2) 选择菜单"文件"|"导入"命令,弹出"导入"对话框,选择"动画短片.avi"文件,单击"打开"按钮,文件被导入项目面板窗口中,如图 3-40 所示。

图 3-40 导入视频到项目面板

(3) 将项目面板窗口中的"动画短片视频.avi"拖到序列 01 面板中的视频轨道 V1 起始处,如图 3-41 所示。

图 3-41 将项目面板中动画短片视频拖到 V1 轨道

（4）选择选择工具，将光标移到序列 01 面板轨道 V1 中的素材起始处，按住鼠标左键往右拖到时间为 00:00:04:00 处，如图 3-42 所示。

图 3-42　设置动画短片入点

（5）选择选择工具，将光标移到序列 01 面板轨道 V1 中的素材末尾处，按住鼠标左键往左拖到时间为 00:02:00:00 处，如图 3-43 所示。

图 3-43　设置动画短片出点

（6）动画短片入点与出点效果制作完成，如图 3-44 所示。

图 3-44　最终效果

3.2.2　"青山绿水婚纱"视频

（1）启动 Premiere Pro CC 软件新建一个序列。

（2）选择菜单"文件"|"导入"命令，弹出"导入"对话框，选择 01.jpg、02.jpg、03.jpg、04.jpg、"婚纱视频.flv"和"拯救心田.MPG"文件。单击"打开"按钮，文件被导入项目面板中，如图 3-45 所示。

图 3-45　导入素材文件到项目面板

（3）将项目面板中的01.jpg拖到序列01面板中的视频轨道V1起始处，如图3-46所示，选择选择工具将光标移到视频轨道V1中01.jpg出点处，按住鼠标左键不放往右边拖到时间为00:00:04:18处，如图3-47所示。

图3-46　将01.jpg拖到视频轨道V1中

图3-47　使用选择工具改变01.jpg出点位置

（4）将项目面板窗口中的 02.jpg 拖到视频轨道 V1 中的 01.jpg 出点末尾处，再将
03.jpg 拖到 02.jpg 出点末尾处，如图 3-48 所示。

图 3-48 将 02.jpg、03.jpg 拖到视频轨道 V1 中

（5）选择缩放工具，将光标移到序列 01 面板中的视频轨道 V1 上，双击，如图 3-49
所示。

图 3-49 使用缩放工具放大时间标尺

（6）将项目面板窗口中的"婚纱视频.flv"拖到视频轨道 V1 中的 03.jpg 出点末尾处。选择选择工具，将光标移到"婚纱视频.flv"上面，右击，弹出快捷菜单，选择"取消链接"命令，如图 3-50 所示，再将光标移到音频轨道 A1 中的音频文件上，右击，在弹出的快捷菜单中，选择"清除"命令，如图 3-51 所示。

图 3-50　选择"取消链接"命令　　　　　图 3-51　选择"清除"命令

（7）选择"波纹编辑"工具，将光标移到轨道 V1 中 03.jpg 素材出点处，按住鼠标左键不放往右边拖到使节目监视器的播放指示时间为 00:00:02:29，如图 3-52 所示。

（8）将时间播放针移到 00:00:14:04 处，选择剃刀工具，将光标移到时间播放针上面，单击，切割视频，如图 3-53 所示，选择选择工具，将光标移到被切割视频的右半部分，单击选中，再按 Delete 键将其删除，如图 3-54 所示。

（9）选择外滑工具，将光标移到"婚纱视频.flv"出点处，按住鼠标左键不放往左边拖到使节目监视器面板中的播放指标器值为＋00:00:01:29，如图 3-55 所示。

（10）将项目面板窗口中的"拯救心田.mpg"拖到视频轨道 V2 中的起始处。选择选择工具，将光标移到"拯救心田.MPG"上，右击，弹出快捷菜单，选择"取消链接"命令，再将光标移到视频轨道 V1 中的视频文件上，右击，在弹出的快捷菜单中，选择"清除"命令，如图 3-56 所示。

（11）选择手形工具，将光标移到"时间序列 01"面板轨道区域内，按住鼠标左键不放往左边移，使音频轨道 A1 中的音频文件出点能看到，如图 3-57 所示，选择选择工具，将光标移到音频轨道 A1 中的音频文件出点处，按住鼠标左键不放，将其拖到 00:00:15:16 处，如图 3-58 所示。

图 3-52　使用波纹工具调整 03.jpg 出点

图 3-53　使用剃刀工具切割视频

图 3-54　使用选择工具删除切割视频

图 3-55　使用外滑工具改变视频出点位置

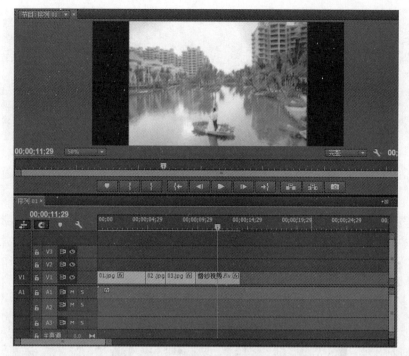

图 3-56　清除轨道 V2 视频

图 3-57　使用手形工具移动轨道

图 3-58　使用选择工具改变音频文件出点位置

（12）双击视频轨道 A1 中的 03.jpg 素材,在"效果控件"面板中,展开"运动"选项,设置位置为 504,344;设置缩放高度为 190;取消"等比缩放",如图 3-59 所示。

图 3-59　设置 03.jpg 效果控件属性的结果

（13）青山绿水婚纱视频效果制作完成。

3.3 习题

（1）对于多个轨道中的素材文件，如何实现同时分割？

（2）波纹编辑工具的作用是什么？外滑工具与内滑工具有何区别？

（3）寻找几幅静态图像和动态视频，练习每种工具的使用，并领会和掌握。

视频素材剪辑

本章学习内容

1. 源监视器面板；

2. 节目监视器面板；

3. 三点编辑；

4. 四点编辑；

5. 插入、覆盖、提取和提升；

6. 任务实现。

本章学习目标

1. 掌握源监视器面板和节目监视器面板的应用方法；

2. 掌握三点编辑和四点编辑的操作方法；

3. 熟练掌握对视频素材的插入与覆盖、提取与提升方法。

在 Premiere Pro CC 中，对于素材的剪辑，除了将素材放置到时间序列轨道中，使用工具面板中的各种工具进行剪辑外，还可以将素材在源监视器面板中打开，先设置素材的入点和出点，剪辑出所要的片段，然后应用相应的命令将其添加到时间序列轨道中。素材的剪辑主要是对素材的调用、分割和组合等操作。本章主要对源监视器面板，节目监视器面板，三点编辑，四点编辑，以及插入、覆盖、提升和提取等命令进行讲解。

4.1　源监视器面板

对于素材要在源监视器面板中打开，可以将鼠标指针移到被导入项目面板中的素材上，双击，素材内容会在源监视器面板中显示出来，如图 4-1 所示；或者将鼠标指针移到被导入项目面板中的素材上，按住鼠标左键不放将素材拖到源监视器面板中，放开鼠标即可显示素材内容，如图 4-2 所示；或者将项目面板中的素材拖到时间序列轨道中并双击该素材，即可在源监视器面板中显示素材内容，如图 4-3 所示。

图 4-1　在项目面板中双击素材后在源监视器面板显示

图 4-2　在项目面板中拖动素材到源监视器面板中可以显示

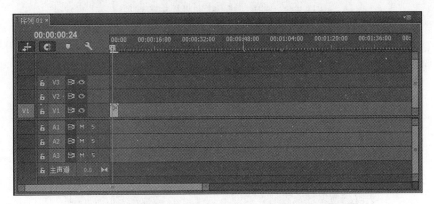

图 4-3　在时间序列轨道中双击素材后在源监视器面板中显示

　　在源监视面板中选择"缩放级别"下拉列表框,可以根据需要来显示素材画面的大小,如图 4-4 所示。

　　在源监视面板中选择"源"下拉列表框中的选项,即可清除源监视器面板中的素材,如图 4-5 所示。

图 4-4　选择"缩放级别"调整素材显示画面

图 4-5　选择"源"下拉列表框中的选项

（1）"关闭"选项：可以清除当前显示在源监视器面板中的素材，然后将显示列表中第一个素材，如图 4-6 所示。

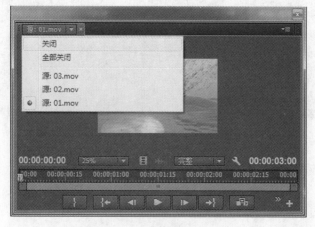

图 4-6　选择"关闭"命令关闭 01.mov

（2）"全部关闭"选项：可以清除在源监视器面板中所列出的所有素材，如图 4-7 所示。

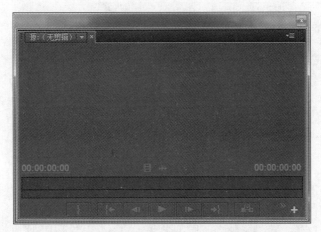

图 4-7 选择"全部关闭"命令关闭所有列表素材

源监视面板下方的按钮主要用于对素材实现播放、设置入点/出点、逐帧前后播放、跳转到入点/出点、插入覆盖及导出帧等操作。有时由于源监视器面板受到其他面板的空间占用，源监视器面板下方的按钮仅显示部分出来，此时，可以拉宽源监视器面板的宽度来显示其他按钮，如图 4-8 所示。

图 4-8 拉宽源监视器面板显示出全部按钮

在源监视面板下方单击"按钮编辑器" ✚，弹出"源监视器按钮编辑器"窗口，在其窗口中可以选择要显示的按钮，例如，要显示出"安全边距"按钮，则将光标移到"按钮编辑器"中的"安全边距"按钮上，按住鼠标左键不放将其拖到下方的红色矩形框内，放开鼠标左键即可，如图 4-9 所示。例如，不显示出"安全边距"按钮，则将光标移到下方红色框内的"安全边距"按钮上，按住鼠标左键不放将其拖出红色框外，放开鼠标左键即可。另外，当要将源监视器面板中的按钮，恢复到初始的状态按钮数时，只要单击"重置布局"按钮即可，如图 4-10 所示。

图 4-9　添加并显示"安全边距"按钮

图 4-10　单击"重置布局"按钮

4.2　节目监视器面板

节目监视器面板与源监视器面板从布局上看非常相似,如图 4-11 所示。在功能上基本一样,所不同的在于源监视面板主要对于源素材进行剪辑操作,而节目监视器面板主要是对于时间序列轨道中的素材进行操作。

(a) 源监视器面板

(b) 节目监视器面板

图 4-11 源监视器面板与节目监视器面板

4.3 三点编辑

三点编辑是指对于源素材在源监视器面板和节目监视器面板中设置的入点和出点的个数为三点,即源监视器面板一个入点和一个出点,节目监视器面板一个入点,或者源监视器面板一个入点,节目监视器面板一个入点和一个出点。

(1) 在源监视器面板中设置一个入点和一个出点,在节目监视器面板中设置一个入点。

　　如图 4-12 所示项目面板,在该项目面板中双击 04.mov 素材,使其素材在源监视器面板中显示,如图 4-13 所示,将时间播放针定位在 00:00:00:20 处,单击"标记入点"按钮设置入点,如图 4-14 所示,再将时间播放针定位在 00:00:02:20 处,单击"标记出点"按钮设置出点,如图 4-15 所示。将光标移到时间序列面板中,并将时间播放针定位在 00:00:02:00 处,单击节目监视器面板中的"标记入点"按钮,如图 4-16 所示,再将光标移到源监视器面板中,单击"插入"按钮,如图 4-17 所示,即将设置的入点和出点的片段素材,插入时间序列面板所选中轨道设置的入点处,如图 4-18 所示。

图 4-12　双击 04.mov 素材

图 4-13　源监视器面板中显示 04.mov 素材

图 4-14　源监视器面板中设置 04.mov 入点

图 4-15　源监视器面板中设置 04.mov 出点

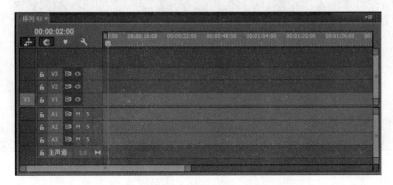

图 4-16　节目监视器面板与时间序列面板

图 4-17　单击源监视器面板中"插入"按钮

图 4-18　单击源监视器面板中的片段素材插入时间序列面板中

（2）在源监视器面板中设置一个入点，在节目监视器面板中设置一个入点和一个出点。

如图 4-19 所示项目面板，在该项目面板中双击 02.mov 素材，使其素材在源监视器面板中显示，如图 4-20 所示，将时间播放针定位在 00：00：00：20 处，单击"标记入点"按钮设置入点，如图 4-21 所示。将光标移到时间序列面板中，并将时间播放针定位在 00：00：02：00 处，单击节目监视器面板中的"标记入点"按钮，如图 4-22 所示，再将时间播放针定位在 00：00：07：00 处，单击节目监视器面板中的"标记出点"按钮，如图 4-23 所示，将光标移到源监视器面板中，单击"插入"按钮，如图 4-24 所示，将设置的入点到出点的片段素材，插入时间序列面板所选中轨道设置的入点到出点之间，如图 4-25 所示。

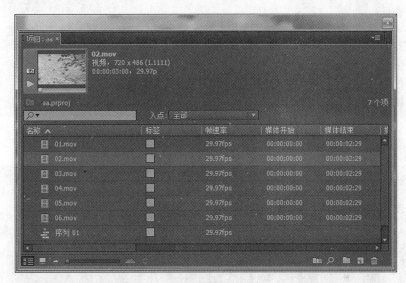

图 4-19　双击 02.mov 素材

图 4-20　源监视器面板中显示 02.mov 素材

图 4-21　源监视器面板中设置 02.mov 入点

图 4-22　节目监视器面板中设置入点

图 4-23 节目监视器面板中设置出点

图 4-24 单击源监视器面板中"插入"按钮

当源监视器面板中设置的入点到出点的片段素材长度小于节目监视器面板中设置的入点到出点的长度时,会弹出"适合剪辑"对话框,如图 4-26 所示。选项中包括更改剪辑速度(适合填充)、忽略源入点、忽略源出点、忽略序列入点、忽略序列出点几个选项。

图 4-25　将源监视器面板中设置入点开始的片段素材插入时间序列面板中

更改剪辑速度(适合填充):将片段素材的播放时间变长(即速度变慢),使其长度与节目监视器面板设置的入点到出点的长度一致。

忽略源入点:取消源监视器面板中设置的入点,只有源长于目标时,才可用。

忽略源出点:取消源监视器面板中设置的出点,只有源长于目标时,才可用。

忽略序列入点:取消节目监视器面板中设置的入点。

忽略序列出点:取消节目监视器面板中设置的出点。

图 4-26　"适合剪辑"对话框

"总是使用此选择"复选框:当选中此复选框时,以后遇到"源与目标"长度不一样时,都默认使用之前所选择的选项。

4.4 四点编辑

四点编辑是指对于源素材在源监视器面板和节目监视器面板中设置的入点和出点的个数为四点,即源监视器面板一个入点和一个出点,节目监视器面板一个入点和一个出点。

如图4-27所示项目面板,在该项目面板中双击"钟镜头3.mov"素材,使其素材在源监视器面板中显示,如图4-28所示,将时间播放针定位在00:00:04:20处,单击"标记入点"按钮设置入点,再将时间播放针定位在00:00:08:00处,单击"标记出点"按钮设置出点,如图4-29所示。将光标移到时间序列面板中,并将时间播放针定位在00:00:02:00处,单击节目监视器面板中的"标记入点"按钮,再将时间播放针定位在00:00:05:00处,单击节目监视器面板中的"标记出点"按钮,如图4-30所示,再将光标移到源监视器面板中,单击"插入"按钮,如图4-31所示,即将设置的入点和出点的片段素材,插入时间序列面板所选中轨道设置的入点和出点之间,如图4-32所示。

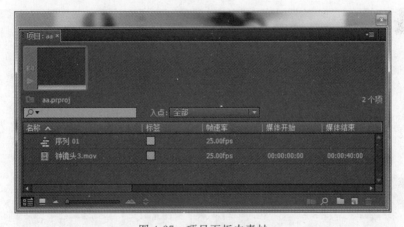

图4-27 项目面板中素材

图4-28 双击"钟镜头3.mov"素材

图 4-29　设置源监视器面板中素材的入点和出点

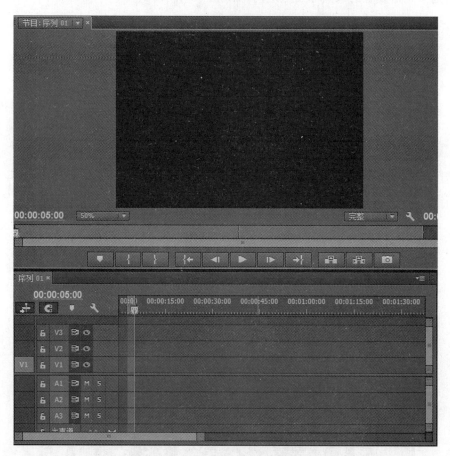

图 4-30　设置节目监视器面板中素材的入点和出点

图 4-31 在源监视器面板中单击"插入"按钮

图 4-32 将源监视器面板中选取的片段素材插入节目监视器面板中

当源监视器面板中设置的入点到出点的片段素材长度小于或大于节目监视器面板中设置的入点到出点的长度时,会弹出"适合剪辑"对话框,此内容已在三点编辑中介绍,在此不在赘述。

4.5　插入、覆盖、提取和提升

1. 插入

在源监视器面板中对源素材的入点和出点进行设置,即截取片段素材,单击"插入"按钮,该截取的片段素材被插入时间序列面板中所选轨道当前时间播放针所在的位置。若把时间播放针移到时间序列面板所选轨道素材的某个中间位置,单击"插入"按钮,则将所选轨道中素材分割成两部分,插入的片段素材放置于被分割的两断素材之间。

2. 覆盖

在"源监视器"面板中对源素材的入点和出点进行设置,即截取片段素材,单击"覆盖"按钮,该截取的片段素材将覆盖时间序列面板中所选轨道当前时间播放针所在位置的素材。

3. 提升

在节目监视器面板中对时间序列面板中所选轨道中的素材设置入点和出点,即截取片段素材,单击"提升"按钮,该截取的片段素材将从轨道中删除并保留空隙。

4. 提取

在节目监视器面板中对时间序列面板中所选轨道中的素材设置入点和出点,即截取片段素材,单击"提取"按钮,该截取的片段素材将从轨道中删除并不保留空隙,后面的片段素材往左边素材靠拢并连接。

5. 导出帧

在源监视器面板和节目监视器面板中都有一个"导出帧"按钮,"导出帧"按钮用于导出时间播放针所指定位置的一张静态帧(图像),单击"导出帧"按钮,弹出"导出帧"对话框,如图 4-33 所示。

图 4-33　"导出帧"对话框

(1) 名称:用于导出一张静态帧的名称。

（2）格式：用于选择导出来的静态帧文件格式。

（3）路径：用于存放导出来的静态帧位置。

（4）导入到项目中：选择此选项，则将导出来的静态帧放置于项目面板中。

例如，如图 4-34 所示，单击"导出帧"按钮，弹出"导出帧"对话框，设置相应的选项值，单击"确定"按钮，即可导出一帧，如图 4-35 所示。

图 4-34　时间播放针指定的位置

图 4-35　导出时间播放针指定的位置帧

4.6　任务实现

4.6.1　植物项目

操作步骤如下。

（1）打开"植物项目.prproj"，如图 4-36 所示，选择"文件"|"导入"命令，弹出"导入"对话框，选择 01.tif、02.tif、03.tif、04.tif 文件，单击"打开"按钮，文件被导入项目面板窗口中。

图 4-36　打开"植物项目.prproj"文件

（2）在项目面板中双击 03.tif，将"序列 01"面板中的时间播放针移到 00:00:01:22 处，如图 4-37 所示，将光标移到源监视器面板中，设置入点时间为 00:00:05:00，出点时间为 00:00:07:00，如图 4-38 所示，单击"插入"按钮，片段素材插入"序列 01"中的轨道 V1 "神树.png"后面，如图 4-39 所示。

图 4-37　在时间序列面板中定位时间播放针

图 4-38 设置入点和出点

图 4-39 片段素材插入"序列 01"中

（3）将"序列 01"面板中的时间播放针移到 00:00:01:22 处,如图 4-40 所示,将光标移到项目面板中双击 01.tif,将光标移到源监视器面板中,单击"插入"按钮,素材插入"序列 01"中的轨道 V1"神树.png"后面,如图 4-41 所示。

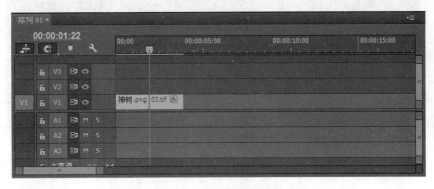

图 4-40 定位时间播放针

图 4-41 将 01. tif 插入"序列 01"轨道 V1 中

（4）选择选择工具，将"序列 01"面板中的时间播放针移到 00：00：04：20 处，如图 4-42 所示，选择剃刀工具，将光标移到"序列 01"面板中的时间播放针上单击，素材文件被分割，如图 4-43 所示，将光标移到项目面板中双击 02. tif，将光标移到源监视器面板中，单击"覆盖"按钮，素材覆盖"序列 01"中时间播放针所指定位置的素材文件（即分割素材的右半部分），如图 4-44 所示。

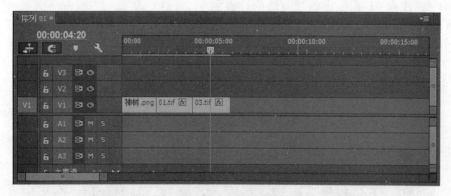

图 4-42 节目监视器面板中定位时间播放针位置

（5）将光标移到项目面板中的 04. tif 素材上，按住鼠标左键不放，将其拖到"序列 01"面板中的视频轨道 V1 02. tif 后面，如图 4-45 所示。

图 4-43　分割素材

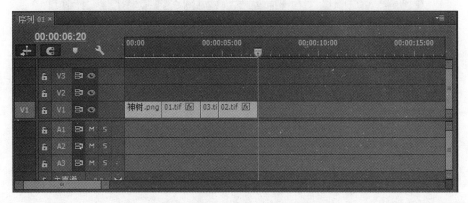

图 4-44　覆盖分割素材的右半部分

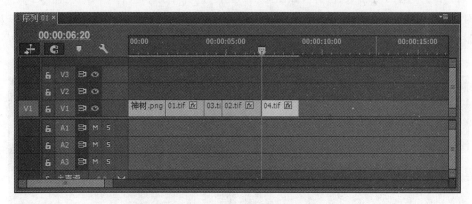

图 4-45　拖动 04.tif 到视频轨道 V1 中

（6）选择选择工具，按住 Shift 键不放，将光标移到视频轨道 V1 中的素材与素材之间过渡帧上分别单击，选中过渡帧，如图 4-46 所示。按 Ctrl＋D 组合键，即插入交叉溶解过渡效果，如图 4-47 所示。

（7）植物项目中插入素材视频效果制作完成。

图 4-46　选中素材之间过渡帧

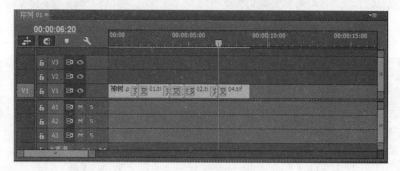

图 4-47　插入交叉溶解过渡效果

4.6.2　鸟的项目

操作步骤如下。

（1）打开"鸟的项目.prproj"，如图 4-48 所示，选择菜单"文件"|"导入"命令，弹出"导入"对话框，选择 01.tif、02.tif、03.tif、04.tif、05.tif 文件，单击"打开"按钮，文件被导入项目面板窗口中。

图 4-48　打开"鸟的项目.prproj"文件

（2）在项目面板中双击01.tif，将序列01面板中的时间播放针移到00:00:00:00处，将光标移到源监视器面板中，单击"插入"按钮，素材插入"序列01"中的轨道V1 06.tif前面，如图4-49所示。

图4-49　素材插入序列01面板中

（3）将序列01面板中的时间播放针移到00:00:02:00处，在节目监视器面板中，单击"设置入点"按钮，再将时间播放针移到00:00:04:10处，在节目监视器面板中，单击"设置出点"按钮，如图4-50所示，将光标移到节目监视器面板中，单击"提升"按钮，"序列01"中的轨道V1 06.tif被删除，如图4-51所示。

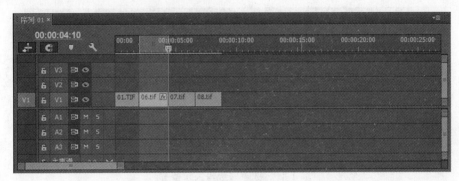

图4-50　设置出点

图4-51　提取06.tif素材

（4）将光标移到项目面板中的 02.tif 素材上，按住鼠标左键不放，将其拖到"序列 01"中的视频轨道 V1 01.tif 后面，放开鼠标，即素材被添加到视频轨道 V1 中，如图 4-52 所示。

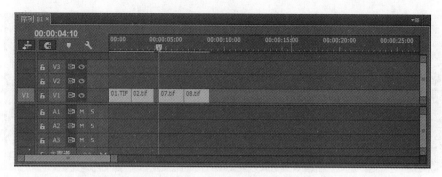

图 4-52　添加素材到视频轨道 V1 中

（5）将光标移到序列 01 面板中，设置播放指示器位置为 00:00:04:00，单击节目监视器面板中的"设置入点"按钮，如图 4-53 所示，再重新设置播放指示器位置为 00:00:06:15，单击节目监视器面板中的"设置出点"按钮，如图 4-54 所示，将光标移到节目监视器面板中，单击"提取"按钮，如图 4-55 所示。

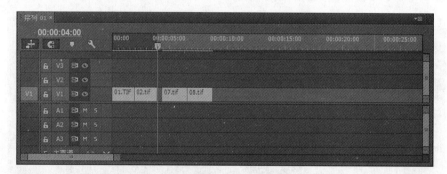

图 4-53　设置播放指示器位置

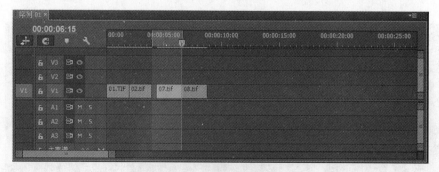

图 4-54　重新设置播放指示器位置

（6）将光标移动项目面板中，双击 03.tif 素材，在源监视器面板中，单击"插入"按钮，如图 4-56 所示。

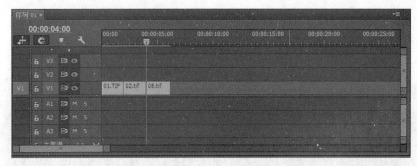

图 4-55 使用"提取"按钮删除截取片段素材

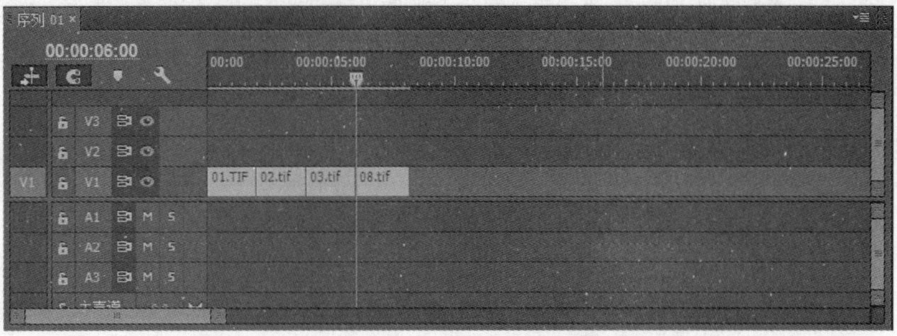

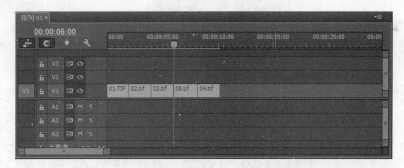

图 4-56 插入 03.tif 素材到视频轨道 V1 中

（7）将光标移到项目面板中的 04.tif 素材上，按住鼠标左键不放，将其拖到"序列 01"中的视频轨道 V1 08.tif 后面，放开鼠标，即素材被添加到视频轨道 V1 中，如图 4-57 所示。用相同的方法将 05.tif 添加到 04.tif 后面，如图 4-58 所示。

图 4-57 将 04.tif 添加到视频轨道 V1 中

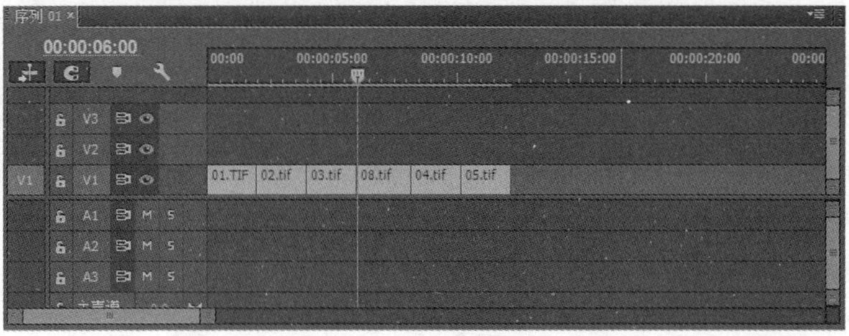

图 4-58 将 05.tif 添加到视频轨道 V1 中

（8）将光标移到序列 01 面板中，设置播放指示器位置为 00∶00∶06∶00，单击节目监视器面板中的"设置入点"按钮，再重新设置播放指示器位置为 00∶00∶08∶04，单击节目监视器面板中的"设置出点"按钮，如图 4-59 所示，将光标移到节目监视器面板中，单击"提取"按钮，如图 4-60 所示。

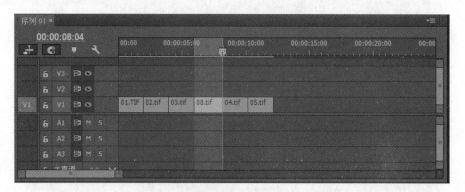

图 4-59　重新设置播放指示器位置

图 4-60　使用"提取"按钮删除素材 08.tif

（9）将光标移到效果面板中，展开"视频过渡"中的"溶解"选项，将光标移到"叠加溶解"上面，按住鼠标左键不放，将其拖到序列 01 面板中的视频轨道 V1 01.tif 与 02.tif 交接处，如图 4-61 所示。用相同的方法将"叠加溶解"添加到 02.tif、03.tif、04.tif、05.tif 之间的交接处，如图 4-62 所示。

（10）鸟的项目视频效果制作完成。

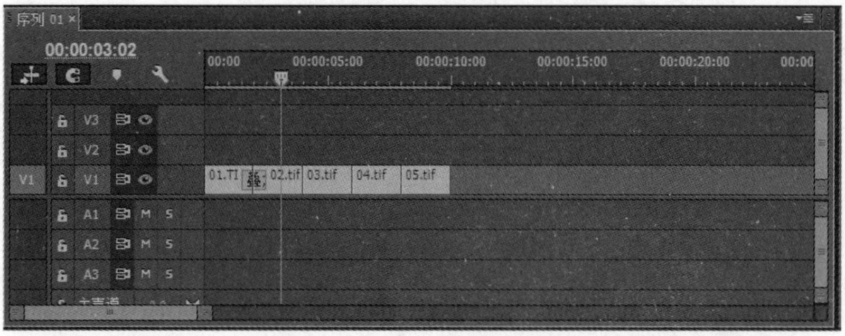

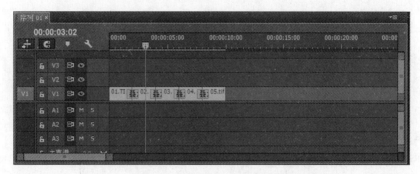

图 4-61 01.tif 与 02.tif 之间添加"叠加溶解"过渡效果

图 4-62 添加"叠加溶解"过渡效果到其他素材之间

4.7 习题

(1) 源监视器面板和节目监视器面板各有什么作用？两者有何区别？

(2) Premiere Pro CC 中有二点编辑的说法吗？

(3) 什么是三点编辑？什么是四点编辑？两者有何区别？

(4) 当在源监视器面板中截取的片段素材小于节目监视器面板中设置的入点到出点的长度时，如何让截取的片段素材长度与之一样？

(5) 插入与覆盖有何区别？

(6) 提取与提升有何区别？

(7) 导入两段视频动画，分别练习插入、覆盖、提升、提取等操作和设置三点、四点来截取片段。

运动效果、不透明度、
时间重映射和关键帧

本章学习内容

1. 运动效果；

2. 不透明度；

3. 时间重映射；

4. 关键帧；

5. 任务实现。

本章学习目标

1. 掌握三种固定效果的开启与关闭方法；

2. 掌握各种效果关键帧的创建、删除、复制、粘贴和移动等方法；

3. 理解、领会时间重映射功能。

在 Premiere Pro CC 中，编辑操作主要是针对时间序列面板中的视频轨道素材进行的，对任何一段编辑的素材都可以使用效果控件来进行相应的操作，效果控件中默认包括"运动""不透明度"和"时间重映射"三种，称为固定效果。通过固定效果的设置可轻易地让静态图像产生运动的效果。

5.1 运动效果

运动效果是专门对素材进行运动设置的。运动效果通过设置一条运动路径对素材进行运动设置，在节目监视器面板中移动素材，只能对素材本身进行运动，而不能对特定的部分进行运动。

在 Premiere Pro CC 中，对时间序列面板中的轨道素材片段进行剪辑的运动设置是通过效果控件面板进行的，当每段素材被放入轨道中并选中素材，都会有运动效果，如

图 5-1 所示。运动效果主要包括位置、缩放、旋转、锚点、防闪烁滤镜，如图 5-2 所示。

图 5-1　轨道中选中素材显示出运动效果

图 5-2　展开运动效果

（1）位置：当前素材所在节目监视器面板中的位置。可以把光标移到位置右边的坐标值上单击，输入新的坐标值，第一个值表示横坐标值，第二个值表示纵坐标值。

（2）缩放：指定当前素材显示的尺寸与原素材尺寸的百分比值。如果取消选中下面的"等比缩放"复选框，此时缩放变成"缩放高度"，同时下面的"缩放宽度"被启用，如图 5-3 所

图 5-3　取消选中"等比缩放"复选框

示,可以单独对素材的高度、宽度进行独立设置。高度和宽度下面有条水平滑块,当水平滑块往 100.0 方向滑动表示放大,当水平滑块往 0.0 方向滑动表示缩小,如图 5-4(a)和图 5-4(b)所示。

(a)取消选中"等比缩放"复选框的素材初始状态

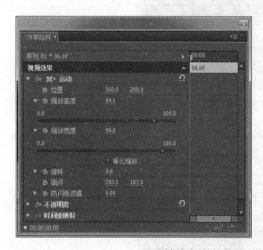

(b)取消选中"等比缩放"复选框并调整滑块的素材效果

图 5-4　素材初始状态及素材效果

　　(3) 旋转:指定当前素材在节目监视器面板中的旋转角度。可以把光标移到右边的旋转角度值上单击,输入新的旋转角度值,或者将光标移到下面的旋转角度针上,按住鼠标左键不放移动旋转角度针即可,如图 5-5 所示。

　　(4) 锚点:该锚点是指素材旋转的中心点。以相对于素材左上角的坐标值表示。

　　(5) 防闪烁滤镜:指定当前素材在执行运动、变形、缩放等效果时的清晰程度。

图 5-5　调整旋转角度值

5.2 不透明度

在效果控件面板中可以通过"不透明度"来改变素材在节目监视器面板中的明暗程度,将光标移动至"不透明度"右边的"不透明度值"上单击,输入新的不透明度值,或者将光标移到下面的水平滑块上,按住鼠标左键不放往左或往右移动,即可设置"不透明度值"。往左移动表示素材由明变暗,往右移动表示素材由暗变明,如图 5-6(a)和图 5-6(b)所示。

(a)"不透明度"滑块往左移动及素材效果

图 5-6　"不透明度"滑块移动及素材效果

(b)"不透明度"滑块往右移动及素材效果

图 5-6(续)

5.3 时间重映射

在效果控件面板中可以通过"时间重映射"来改变视频动画在节目监视器面板中的速度渐快或渐慢效果。下面以图 5-7 所示的动画进行讲解"时间重映射"的应用。

图 5-7 将视频文件放入轨道中

(1) 将序列面板中的"时间播放针"移到 00:00:20:15 处,选中轨道中的视频素材,在效果控件面板中展开"时间重映射",单击"速度"前面的"切换动画"按钮，开启记录状态功能,即记录"时间播放针"所在位置的视频状态,称为关键帧,单击"速度"右边的"添加/移除关键帧"按钮，创建第一个关键帧,如图 5-8 所示;再将"时间播放针"移到 00:00:33:20 处,单击"速度"右边的"添加/移除关键帧"，创建第二个关键,如图 5-9 所示。

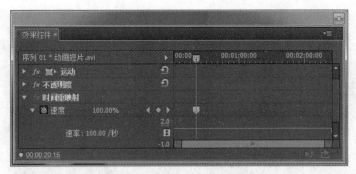

图 5-8　打开"切换动画"按钮并创建第一个关键帧

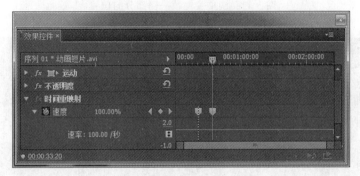

图 5-9　创建第二个关键帧

（2）在视频轨道上右击，弹出快捷菜单，选择"显示剪辑关键帧"|"时间重映射"|"速度"命令，在视频轨道上显示出视频素材创建的关键帧，如图 5-10 所示。

图 5-10　在轨道中显示关键帧

（3）将光标移到视频轨道素材中创建的第一个关键帧上，按住鼠标左键往左边移到 00:00:10:00 处，将第二个关键帧往右边移到 00:00:56:00 处，如图 5-11 所示。

（4）将光标移到两个关键帧之间的线上，按住鼠标左键不放，往上拖动，会出现当前线条的速度百分比，如图 5-12 所示，放开鼠标左键后，视频速度变快，整个视频素材的总长度变短，如图 5-13 所示。线条速度百分比大于 100% 为原素材速度缓快，小于 100% 为原素材速度缓慢。

图 5-11 调整关键帧一侧部分的位置

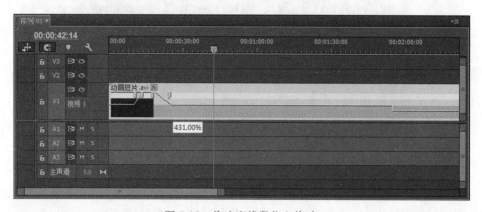

图 5-12 将速度线段往上拖动

图 5-13 视频素材速度变快,视频素材总长度变短

播放此视频时,视频会从第一个关键帧的左侧部分,逐渐以 100% 的速度开始播放并逐渐提速到 431% 的速度进行播放,直至第二个关键帧的左侧部分,然后又从第二个关键帧的右侧部分逐渐降速到 100% 的速度进行播放,这样可实现视频渐快渐慢播放的效果。

5.4　关键帧

关键帧主要用于设置素材的特效效果随时间的改变而发生不同的改变。当在一段素材中创建多个关键帧且设置不同的关键帧属性值时，可使素材产生动画效果。关键帧之间的数值为插值，某段素材要产生动画效果时，至少要创建两个关键帧，一个关键帧对应于变化开始的值，另一个关键帧对应于变化结束的值。

1. 关键帧的启用与添加

在项目文件被打开的默认状态下并没有关键帧，此时需要启用关键帧，并进行添加。

启用关键帧的操作，在时间序列面板轨道中选择要添加关键帧的素材，然后将时间播放针移到需要创建关键帧的位置，在效果控件面板中将需要添加关键帧的效果选项前单击"切换动画"按钮 即可，启用后"切换动画"按钮变成 状态，表示已经创建一个关键帧，然后将时间播放针重新移到需要创建关键帧的位置，设置效果选项的属性值；单击"添加/移除关键帧"按钮 ，可再创建一个关键帧，如图 5-14 所示。

图 5-14　启用"切换动画"按钮和创建关键帧

2. 关键帧的选择

在效果控件面板中需要选择关键帧时，可以根据选择方式的不同，采取以下方法。

(1) 单击某个关键帧将其选中，被选中的关键帧以高亮显示，如图 5-15 所示。

(2) 用鼠标框选选中多个关键帧，如图 5-16 所示。

(3) 按住 Shift 键或 Ctrl 键不放，连续单击需要选择的多个连续或不连续的关键帧。

(4) 单击关键帧所在的"效果选项"名称，如单击"位置"名称，即选中该"效果选项"上的所有关键帧，如图 5-17 所示。

3. 关键帧的移动

当创建了多个关键帧，可单击"转到上一关键帧"按钮，即可移到前一关键帧上；单击"转到下一关键帧"按钮，即可移到后一关键帧上。

当对一个或多个关键帧进行位置移动时，单击或框选关键帧之后，按住鼠标左键不放，往新的位置移动，然后放开鼠标左键，如图 5-18 所示。

图 5-15　单击选中某个关键帧

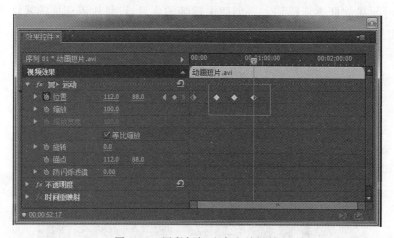

图 5-16　用鼠标框选多个关键帧

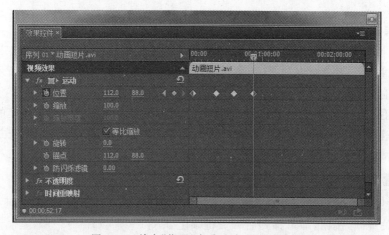

图 5-17　单击"位置"名称选中所有关键帧

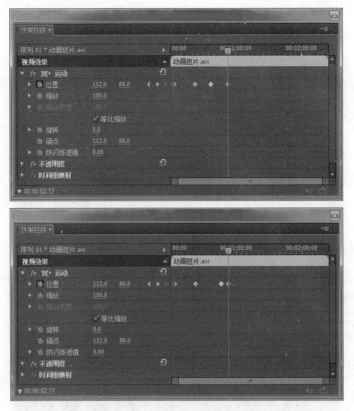

图 5-18 选中关键帧并移动

4. 关键帧的复制

在对不同或相同的素材进行剪辑时,有时需要一些相同的效果选项值,这时可以采取复制和粘贴的方法进行操作。操作方法是先选中要复制的关键帧,按 Ctrl＋C 组合键进行复制,然后选中要被复制的关键帧,按 Ctrl＋V 组合键粘贴;或者右击要复制的关键帧,在弹出的快捷菜单中,选择"复制"命令,如图 5-19 所示,然后将光标移到要被复制的关键帧上右击,在弹出的快捷菜单中,选择"粘贴"命令,如图 5-20 所示。

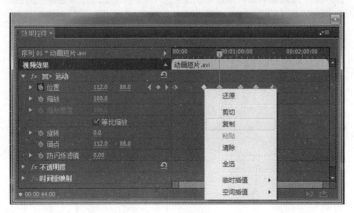

图 5-19 右击选择"复制"命令

图 5-20　右击选择"粘贴"命令

5. 关键帧的删除

　　如果需要将素材上某个指定的关键帧删除，只需要在效果控件面板中在需要删除的关键帧上右击，在弹出的快捷菜单中，选择"清除"命令，如图 5-21 所示；或者将光标移到指定的关键帧上单击，然后按 Delete 键。如果要删除某个效果选项的所有关键帧，则可直接单击该效果选项前的"切换动画"按钮，弹出"警告"对话框，选择"确定"按钮，如图 5-22 所示；或者框选所有关键帧，然后按 Delete 键。

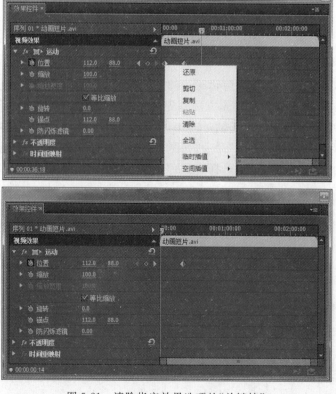

图 5-21　清除指定效果选项的"关键帧"

图 5-22 清除指定效果选项的全部"关键帧"

5.5 任务实现

5.5.1 立体相框

操作步骤如下。

(1) 启动 Premiere Pro CC 软件，单击"新建项目"按钮，弹出"新建项目"对话框，在该对话框中设置参数值，单击"确定"按钮，进入 Premiere Pro CC 工作界面，按 Ctrl＋N 组合键，弹出"新建序列"对话框，单击"确定"按钮，新建一个序列。

(2) 选择"文件"|"导入"命令，弹出"导入"对话框，选择 01.JPG、02.JPG 文件，单击"打开"按钮，文件被导入项目面板中。

(3) 在序列 02 面板中，选择视频轨道 V3，然后选中项目面板中的 01.JPG 素材，右击弹出的快捷菜单中，选择"插入"命令，素材被插入视频轨道 V3 中，如图 5-23 所示。

(4) 在序列 02 面板中，选中视频轨道 V3 中的 01.JPG 素材，选择效果控件面板，展开"运动"选项，将"位置"的属性值设置为 255 和 304，"缩放"属性值设置为 37，"旋转"属性值设置为－11，如图 5-24 所示。

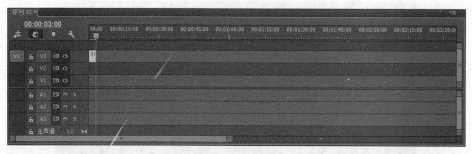

图 5-23　01.jpg 素材插入视频轨道 V3 中

图 5-24　设置"效果选项"属性值

（5）选择"窗口"|"工作区"|"效果"命令，弹出效果面板，展开"视频效果"选项，单击"变换"文件夹前面的三角形按钮将其展开，然后选中"裁剪"特效，如图 5-25 所示。将"裁剪"特效拖到序列02 面板中的视频轨道 V3 上的 01.JPG 素材中，如图 5-26 所示。

（6）选择效果控件面板，展开"裁剪"特效，将"左对齐"选项设置为 9%，"底对齐"选项设置为 6%，如图 5-27 所示。

（7）选择"窗口"|"工作区"|"效果"命令，弹出效果面板，展开"视频效果"选项，单击"透视"文件夹前面的三角形按钮将其展开，选中"斜角边"特效。将"斜角边"特效拖到序列02 面板中视频轨道 V3 上的 01.JPG 素材中，如图 5-28 所示。

图 5-25　选中"裁剪"

图 5-26 将"裁剪"特效应用于 01.JPG 素材中

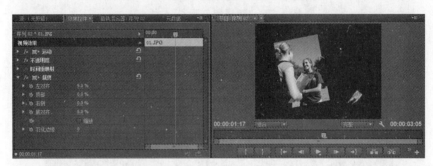

图 5-27 设置"裁剪"特效的属性值

图 5-28 将"斜角边"特效应用于 01.JPG 素材中

（8）选择效果控件面板，展开"斜角边"特效，将"边角厚度"选项设置为0.06，"光照角度"选项设置为－40，其他默认设置。

（9）选择"文件"|"新建"|"彩色蒙版"命令，弹出"新建颜色遮罩"对话框，如图5-29所示，单击"确定"按钮，弹出"拾色器"对话框，设置颜色的RGB为255、166、50，如图5-30所示，单击"确定"按钮，弹出"选择名称"对话框，输入"墙壁"，单击"确定"按钮，在项目面板中添加一个"墙壁"层。

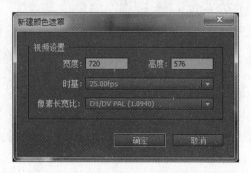

图5-29　"新建颜色遮罩"对话框

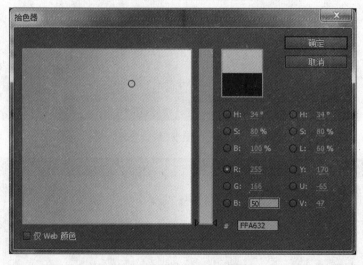

图5-30　"拾色器"对话框

（10）在项目面板中选中"墙壁"，将其拖到序列02面板中的视频轨道V1中，如图5-31所示。

（11）选择"窗口"|"工作区"|"效果"命令，弹出效果面板，展开"视频效果"选项，单击"杂色与颗粒"文件夹前面的三角形按钮，将其展开，选中"杂色HLS"特效。将"杂色HLS"特效拖到序列02面板中的视频轨道V1上的"墙壁"中，如图5-32所示。

（12）选择效果控件面板，展开"杂色HLS"特效，将"杂色"选项设置为"颗粒"，"色相"选项设置为50％，"亮度"选项设置为50％，"饱和度"选项设置为60％，"颗粒大小"选项设置为2，其他设置默认值，如图5-33所示。

图 5-31 将项目面板中"墙壁"放置于视频轨道 V1 中

图 5-32 将"杂色 HLS"特效应用于"墙壁"中

图 5-33　设置"杂色 HLS"特效的属性值

（13）选择"窗口"|"工作区"|"效果"命令，弹出效果面板，展开"视频效果"选项，单击"生成"文件夹前面的三角形按钮，将其展开，选中"棋盘"特效。将"棋盘"特效拖到序列01 面板中的视频轨道 V1 上的"墙壁"中，如图 5-34 所示。

图 5-34　将"棋盘"特效应用于"墙壁"中

（14）选择效果控件面板，展开"棋盘"特效，将"大小依据"设置为"边角点"，"边角"选项设置为 400 和 330，单击"混合模式"选项后面的按钮，在弹出的下拉列表中选择"叠加"，其他设置默认值，如图 5-35 所示。

图 5-35　设置"棋盘"特效的属性值

（15）选择"窗口"|"工作区"|"效果"命令，弹出效果面板，展开"视频效果"选项，单击"生成"文件夹前面的三角形按钮，将其展开，选中"四色渐变"特效。将"四色渐变"特效拖到序列 02 面板中的视频轨道 V1 上的"墙壁"中，如图 5-36 所示。

图 5-36　将"四色渐变"特效应用于"墙壁"中

（16）选择效果控件面板，展开"四色渐变"特效，将"混合"选项设置为 40，"抖动"选项设置为 30%，单击"混合模式"选项后面的按钮，在弹出的下拉列表中选择"滤色"，其他默认设置，如图 5-37 所示。在项目面板中选中 02.JPG 素材将其拖到序列 02 面板中的视频轨道 V2 上，如图 5-38 所示。

图 5-37　设置"四色渐变"特效的属性值

图 5-38　将 02.jpg 素材拖到视频轨道 V2 中

(17) 在序列 02 面板中,选中视频轨道 V2 中的 02.JPG 素材,选择效果控件面板,展开"运动"选项,将"位置"选项设置为 515 和 333,"缩放"选项设置为 25,"旋转"选项设置为 6,如图 5-39 所示。

图 5-39 设置"运动"效果的属性值

(18) 在序列 02 面板中，选中 01.JPG 素材，选择"效果控件"面板，按住 Ctrl 键不放，分别单击"裁剪"特效和"斜角边"特效，再按 Ctrl＋C 组合键复制特效，如图 5-40 所示，在序列 02 面板中，选中 02.JPG 素材，然后按 Ctrl＋V 组合键粘贴特效，如图 5-41 所示。

图 5-40 选中并复制"裁剪"和"斜角边"特效

图 5-41　选中 02.JPG 素材并粘贴"裁剪"和"斜角边"特效

(19)选择"窗口"|"工作区"|"效果"命令,弹出效果面板,展开"效果控件"选项,单击"调整"文件夹前面的三角形按钮,将其展开,选中"色阶"特效。将"色阶"特效拖到序列 02 面板中的视频轨道 V2 上的 02.JPG 素材中,如图 5-42 所示。

图 5-42　将"色阶"特效应用于 02.JPG 中

（20）选择效果控件面板，展开"色阶"特效，将"（RGB）输入黑色阶"选项设置为 20，"（RGB）输入白色阶"选项设置为 230，其他默认值，如图 5-43 所示。

图 5-43　设置"色阶"特效的属性值

（21）立体相框视频效果制作完成。

5.5.2　蝴蝶飞舞

（1）启动 Premiere Pro CC 软件，单击"新建项目"按钮，弹出"新建项目"对话框，单击"确定"按钮，进入 Premiere Pro CC 工作界面按 Ctrl＋N 组合键，弹出"新建序列"对话框，单击"确定"按钮，新建一个序列。

（2）选择"文件"|"导入"命令，弹出"导入"对话框，选择"蝴蝶.psd"素材，单击"打开"按钮，弹出"导入分层文件：蝴蝶"对话框，如图 5-44 所示，在"导入为"右侧选择"序列"，如图 5-45 所示，将"素材尺寸"设置为"文档大小"，单击"确定"按钮，文件导入项目面板中，再将"背景.jpg"素材导入项目面板中，如图 5-46 所示。

图 5-44　"导入分层文件：蝴蝶"对话框

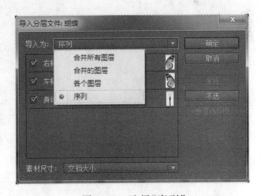

图 5-45　选择"序列"

（3）将项目面板中的"身体/蝴蝶.psd""左翅/蝴蝶.psd""右翅/蝴蝶.psd"文件分别拖到时间序列"扇动快速 1"的视频轨道 V1、V2 和 V3 中，并调整播放长度为 00：00：03：00，如图 5-47 所示。

（4）单击效果面板中的"视频效果"，展开"透视"，选中"基本 3D"，将其拖到视频轨道 V2 的"左翅/蝴蝶.psd"素材上，如图 5-48 所示。

图 5-46 将"背景.jpg"导入项目面板中

图 5-47 将素材拖到轨道中

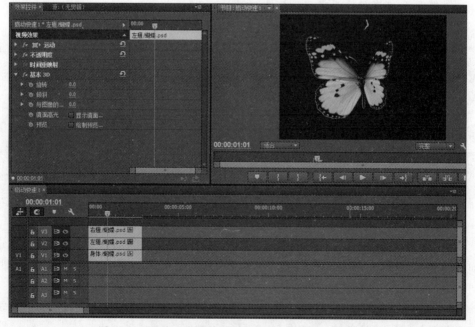

图 5-48 "基本 3D"特效应用于"左翅/蝴蝶.psd"素材中

（5）将时间序列"扇动快速 1"中的时间播放针移到 00：00：00：00 处，选中视频轨道 V2 上的"左翅/蝴蝶.psd"素材，在效果控件面板中展开"基本 3D"，单击"旋转"前的"切换动画"按钮，并设置数值为−45°，"与图像的距离"设置为 50，如图 5-49 所示。选中"效果控件"面板中的"基本 3D"，按 Ctrl＋C 组合键复制，选中视频轨道 V3 上的"右翅/蝴蝶.psd"素材，按 Ctrl＋V 组合键粘贴，并将"旋转"值设置为 45°，如图 5-50 所示。

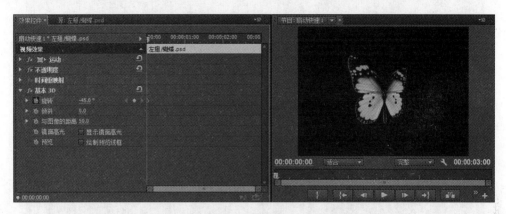

图 5-49　设置"左翅/蝴蝶.psd"素材的"基本 3D"特效属性值

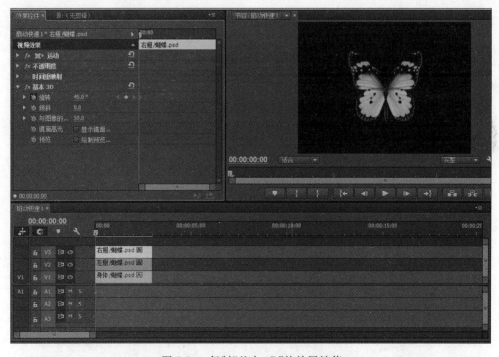

图 5-50　复制"基本 3D"特效属性值

（6）将时间播放针移动到 00：00：00：05 处，在效果面板中设置"左翅/蝴蝶.psd"和"右翅/蝴蝶.psd"的"基本 3D"中的"旋转"角度为 0，如图 5-51 所示。

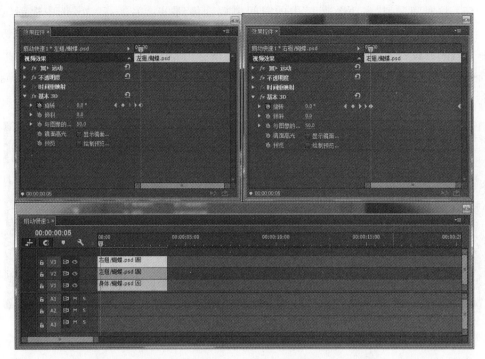

图 5-51 设置"左翅/蝴蝶.psd"和"右翅/蝴蝶.psd"旋转角度

(7) 将时间播放针移动到 00:00:00:10 处,在效果控件面板中设置"左翅/蝴蝶.psd"的"基本 3D"中的"旋转"值为−70°,如图 5-52 所示,"右翅/蝴蝶.psd"的"基本 3D"中的"旋转"角度为 70°,如图 5-53 所示。

图 5-52 设置"左翅/蝴蝶.psd"的"旋转"角度

图 5-53　设置"右翅/蝴蝶.psd"的"旋转"角度

（8）将时间播放针移动到 00:00:00:15 处，在效果控件面板中设置"左翅/蝴蝶.psd"
和"右翅/蝴蝶.psd"的"基本 3D"中的"旋转"角度为 0，如图 5-54 所示。

图 5-54　设置"左翅/蝴蝶.psd"和"右翅/蝴蝶.psd"旋转角度为 0 及其效果

（9）在效果控件面板中选中"左翅/蝴蝶.psd"设置好的 4 个关键帧，按 Ctrl＋C 组合
键复制，然后将时间播放针移到 00:00:01:00 处，单击效果面板空白处，按 Ctrl＋V 组合

键粘贴,同时将第 5 个关键帧的旋转角度设置为 $-70°$,如图 5-55 所示。

图 5-55　复制"左翅/蝴蝶.psd"关键帧并设置第 5 个关键帧旋转角度

(10) 选中"左翅/蝴蝶.psd"在 00:00:01:00 处开始的后面 4 个关键帧,按 Ctrl+C 组合键复制,将时间播放针移到 00:00:02:00 处,单击效果面板空白处,按 Ctrl+V 组合键粘贴,如图 5-56 所示。

图 5-56　复制 4 个关键帧

(11) 将时间播放针移到 00:00:02:24 处，设置"左翅/蝴蝶.psd"的"旋转"角度为
−45°，如图 5-57 所示。

图 5-57 设置"左翅/蝴蝶.psd"的"旋转"角度为−45°

(12) 在效果控件面板中，选中"右翅/蝴蝶.psd"设置好的 4 个关键帧，按 Ctrl+C 组
合键复制，将时间播放针移到 00:00:01:00 处，单击效果面板空白处，按 Ctrl+V 组合键
粘贴，同时设置第 5 个关键帧的"旋转"角度为 70°，如图 5-58 所示。

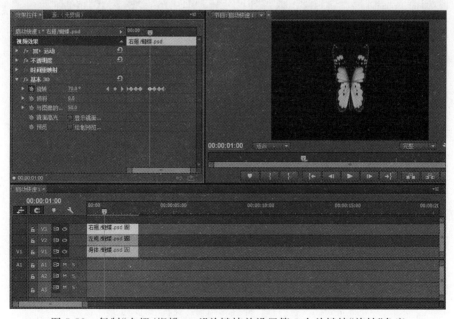

图 5-58 复制"右翅/蝴蝶.psd"关键帧并设置第 5 个关键帧"旋转"角度

（13）选中"右翅/蝴蝶.psd"在00:00:01:00处的4个关键帧,按Ctrl+C组合键复制,将时间播放针移到00:00:02:00处,单击效果面板空白处,按Ctrl+V组合键粘贴,如图5-59所示。

图5-59　复制4个关键帧

（14）将时间播放针移到00:00:02:24处,设置"右翅/蝴蝶.psd"的"旋转"角度为45°,如图5-60所示。

图5-60　设置"右翅/蝴蝶.psd"的"旋转"角度为45°

（15）在项目面板中选中"扇动快速 1"，按 Ctrl＋Shift＋/组合键创建副本，并重命名为"扇动快速 2"，如图 5-61 所示。

图 5-61 创建"扇动快速 1"副本"扇动快速 2"

（16）打开时间序列"扇动快速 2"，并将各视频轨道中的素材长度设为 00：00：01：04，如图 5-62 所示，并在效果面板中删除"左翅/蝴蝶.psd"和"右翅/蝴蝶.psd"的"旋转"关键帧，如图 5-63 所示。

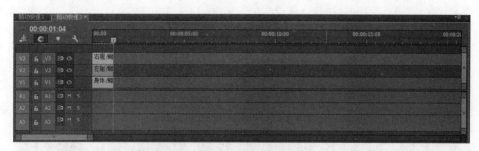

图 5-62 打开"扇动快速 2"并设置长度

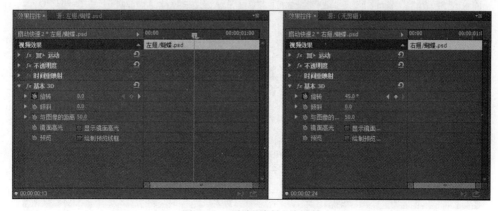

图 5-63 删除"旋转"关键帧

(17) 在时间序列"扇动快速 2"中设置"左翅/蝴蝶.psd"的旋转关键帧,时间和旋转角度依次为:00:00:00:00,45°;00:00:00:03,0°;00:00:00:08,−60°;00:00:00:11,0°;00:00:00:14,−30°;00:00:00:17,15°;00:00:00:20,−30°;00:00:00:23,25°;00:00:01:00,−30°;00:00:01:04,−45°,如图 5-64 所示。

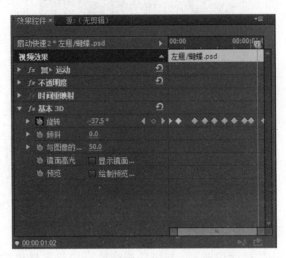

图 5-64　依次创建"扇动快速 2"的左翅关键帧

(18) 设置"右翅/蝴蝶.psd"的旋转关键帧,时间和旋转角度依次为:00:00:00:00,−45°;00:00:00:03,0°;00:00:00:08,60°;00:00:00:11,0°;00:00:00:14,30°;00:00:00:17,−15°;00:00:00:20,30°;00:00:00:23,−25°;00:00:01:00,30°;00:00:01:04,45°,如图 5-65 所示。

图 5-65　依次创建"扇动快速 2"的右翅关键帧

（19）在项目面板中，选中"扇动快速 1"，按 Ctrl＋Shift＋/组合键创建副本，并重命名为"扇动慢速 1"，如图 5-66 所示。

图 5-66　创建"扇动慢速 1"

（20）打开时间序列"扇动慢速 1"，并在视频轨道中将各素材长度设为 00:00:03:24，并在效果面板中删除"左翅/蝴蝶.psd"和"右翅/蝴蝶.psd"的"旋转"关键帧，如图 5-67 所示。

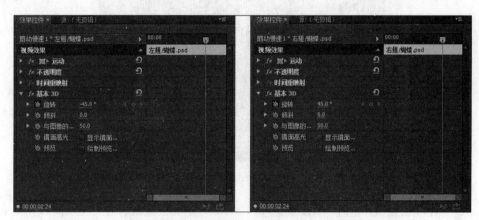

图 5-67　删除"扇动慢速 1"中左右翅"旋转"关键帧

（21）设置"左翅/蝴蝶.psd"的旋转关键帧，时间和旋转角度依次为：00:00:00:00，−45°；00:00:00:18，0°；00:00:01:00，−45°；00:00:01:24，0°；00:00:02:10，−45°；00:00:02:20，0°；00:00:03:00，−45°；00:00:03:10，0°；00:00:03:24，−45°，如图 5-68 所示。

（22）设置"右翅/蝴蝶.psd"的旋转关键帧，时间和旋转角度依次为：00:00:00:00，45°，00:00:00:18，0°，00:00:01:00，45°，00:00:01:24，0°，00:00:02:10，45°，00:00:02:20，0°，00:00:03:00，45°，00:00:03:10，0°，00:00:03:24，45°，如图 5-69 所示。

图 5-68　创建"扇动慢速 1"的左翅关键帧

图 5-69　创建"扇动慢速 1"的右翅关键帧

（23）在项目面板中选中"扇动快速 1"，按 Ctrl＋Shift＋/组合键创建副本，并重命名为"扇动慢速 2"，如图 5-70 所示。

（24）打开时间序列"扇动慢速 2"，并在视频轨道中将各素材长度设为 00:00:03:24，并在效果面板中删除"左翅/蝴蝶.psd"和"右翅/蝴蝶.psd"的"旋转"关键帧，如图 5-71 所示。

（25）添加"左翅/蝴蝶.psd"的"旋转"关键帧，时间和旋转角度依次为：00:00:00:02，－45°；00:00:00:15，－70°；00:00:01:05，－45°；00:00:01:20，－70°；00:00:02:12，－45°；00:00:02:22，－70°；00:00:02:24，－45°；00:00:03:15，－70°；00:00:03:24，－45°，如图 5-72 所示。

图 5-70 创建"扇动慢速 2"

 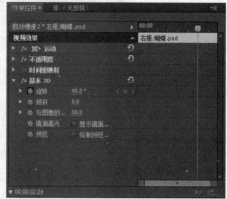

图 5-71 删除"扇动慢速 2"的左右翅"旋转"关键帧

图 5-72 创建"扇动慢速 2"的左翅关键帧

（26）添加"右翅/蝴蝶.psd"的旋转关键帧,时间和旋转角度依次为: 00:00:00:02,45°;00:00:00:15,70°;00:00:01:05,45°;00:00:01:20,70°;00:00:02:12,45°;00:00:02:22,70°;00:00:02:24,45°,00:00:03:15,70°,00:00:03:24,45°,如图5-73所示。

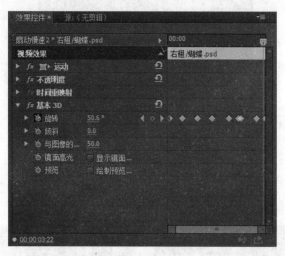

图5-73　创建"扇动慢速2"的右翅关键帧

（27）选择"文件"|"新建"|"序列"命令,弹出"序列预设"对话框,在"序列名称"中输入"蝴蝶飞动",单击"确定"按钮。

（28）将项目面板中的"背景.jpg"拖到视频轨道V1中的00:00:00:00处。

（29）将项目面板中的"扇动慢速1""扇动慢速2""扇动快速1"和"扇动快速2",按顺序"扇动快速2""扇动慢速1""扇动快速2""扇动慢速2""扇动快速2""扇动快速1""扇动快速2""扇动快速2""扇动快速1"拖入视频轨道V2中,如图5-74所示。

图5-74　将项目面板中的"扇动慢速1、扇动慢速2、扇动快速1、扇动快速2"拖至视频轨道V2中

（30）将视频轨道V1中的"背景.jpg"出点延长与视频轨道V2出点一样,如图5-75所示。

（31）选中时间序列"蝴蝶飞动"中的音频轨道A2上的所有素材,右击,弹出快捷菜单,选择"取消链接"命令;再次选中音频轨道A1上的所有素材,然后按Delete键,将其删除,如图5-76所示。

图 5-75 延长 V1 中的"背景.jpg"出点与 V2 一样

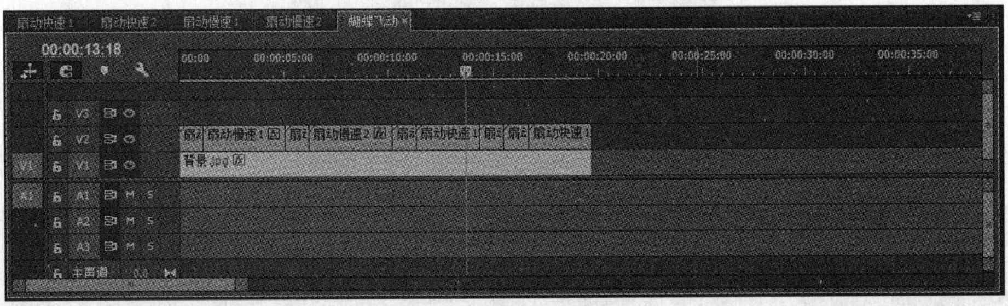

图 5-76 删除音频文件

（32）选中视频轨道 V1 中的"背景.jpg"素材，在效果控件面板中展开视频效果下的 "运动"并单击"位置"左边的"切换动画"按钮，并创建四个关键帧，四个关键帧的时长与位置分依次为 00:00:00:00(360，−400)；00:00:05:10(360，400)；00:00:09:12(360，400) 和 00:00:18:00(360，1000)，如图 5-77 所示。

图 5-77 创建四个位置关键帧

（33）将项目面板中的"蝴蝶飞动"拖至其下方的"新建"按钮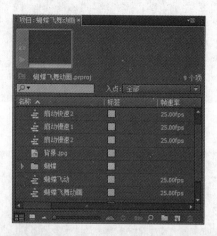，新建一个序列，将其命名为"蝴蝶飞舞动画"，双击将其打开，如图 5-78 所示。

图 5-78　复制时间序列"蝴蝶飞动"并命名为"蝴蝶飞舞动画"

（34）切换到时间序列"蝴蝶飞动"上，在视频轨道 V1 中选中"背景.jpg"，按 Ctrl＋C 组合键复制。

（35）切换到时间序列"蝴蝶飞舞动画"上，将视频轨道 V1 中的"蝴蝶飞动"移到 V2 中，并选中视频轨道 V1，将时间播放针移到时 00：00：00：00 处，按 Ctrl＋V 组合键粘贴，如图 5-79 所示。

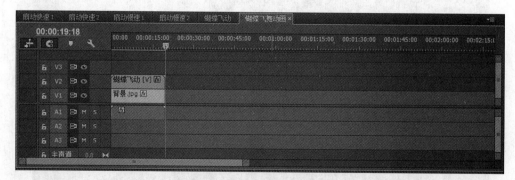

图 5-79　移动"蝴蝶飞动"到 V2 中并复制"背景.jpg"

（36）将光标移到时间序列"蝴蝶飞舞动画"上的音频轨道 A1 中，并选中默认附带的音频素材，右击弹出快捷菜单，选择"取消链接"，再将光标移到音频轨道 A1 中选中默认附带的音频素材，按 Delete 键将其删除，如图 5-80 所示。

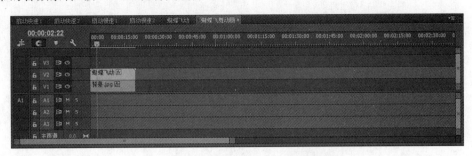

图 5-80　删除音频轨道 A1 附带音频

（37）将"背景音乐.wav"导入项目面板中并将其拖到时间序列"蝴蝶飞舞动画"中的音频轨道 A1 00：00：00：00 处，并用"比率拉伸工具"，将其出点设置与视频轨道中素材的出点一样，如图 5-81 所示。

图 5-81　使用比率拉伸工具改变背景音乐出点

（38）蝴蝶飞舞视频制作完成。

5.6　习题

（1）在 Premiere Pro CC 中什么是固定效果？有几种？

（2）Premiere Pro CC 中要实现越来越慢的动画效果，可以使用什么效果？

（3）关键帧的复制有哪种方式？

（4）简述创建关键帧的步骤。

（5）制作由慢到快再变慢的动画效果，采用时间重映射效果实现。

视频过渡与视频效果

本章学习内容

1. 视频过渡简介；

2. 自动匹配序列；

3. 常用视频过渡；

4. 视频效果；

5. 常用视频效果；

6. 任务实现。

本章学习目标

1. 理解、领会视频过渡和视频效果概念；

2. 了解视频过渡和视频效果的查找方法；

3. 熟练掌握视频过渡的复制、粘贴、删除及视频过渡的属性设置；

4. 熟练掌握视频效果的复制、粘贴、删除及视频效果的属性设置。

在 Premiere Pro CC 中，使用视频过渡效果，可以让一段视频素材以一种特殊的形式过渡到下一段视频素材。正确、合理地使用过渡效果可以将素材很好地组织在一起，使其保持作品的整体性、连贯性和作品的优美。

在 Premiere Pro CC 中提供了多种视频效果，可以将其添加到正在剪辑的素材中，使素材增添特别的视觉效果。用户可以从 Premiere Pro CC 应用默认设置的视频效果，也可以根据自己所要的视觉效果来改变视频效果属性值。

本章主要对视频过渡和视频效果进行介绍。通过本章学习可以使用户能更好地掌握视频过渡和视频效果，以便能应用自如地添加到素材中。

6.1 视频过渡简介

一段素材播放结束时立即转换到下一段素材,称为硬过渡。在 Premiere Pro CC 中要实现两段素材之间的过渡,只需要在同一轨道将两段素材的首尾相连接即可。有时为了两段素材之间的过渡能自然一些,需要添加视频过渡效果,即一段素材以某种效果逐渐变换到另一段素材,将其称为软过渡,也称为转场。

6.1.1 视频过渡效果查找

在 Premiere Pro CC 中,要应用视频过渡效果,需要选择"窗口"|"效果"命令,在软件主界面中显示出"效果"面板,如图 6-1 所示,然后展开"视频过渡"选项,即列出默认的所有过渡效果,如图 6-2 所示。

图 6-1 效果面板　　　　　　　　　　　图 6-2 "过渡"效果

在 Premiere Pro CC 中默认提供了 70 多种视频过渡效果,按类别分别存放在 10 个子文件夹中,如图 6-2 所示。当需要应用某个子文件夹中的过渡效果时,则需要再展开某个子文件夹,如展开"伸缩"效果,如图 6-3 所示。

当用户知道过渡效果的名称,则可以在效果面板中的"查找"文本框中输入该名称,例如,查找"点划像",如图 6-4 所示。

6.1.2 视频过渡效果的基本操作

1. 静态素材之间的过渡

在时间序列面板中的视频轨道上放置两段素材,使两段素材前后连接,如图 6-5 所示。

图 6-3　展开"伸缩"子文件夹

图 6-4　查找"点划像"

图 6-5　放置素材并连接

　　将时间播放针移到两段素材之间的连接处,按 Ctrl+D 组合键可以在两段素材连接处添加默认的"交叉溶解"过渡效果,如图 6-6 所示。该"交叉溶解"过渡效果在"效果"面

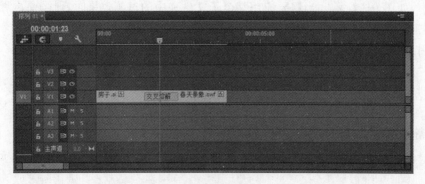

图 6-6　添加默认过渡效果

板中的"溶解"选项组中,如图 6-7 所示,该"交叉溶解"前有个黄色的边框,即表示为其使用 Ctrl+D 组合键的默认效果。如果需要改变默认过渡效果,则可将光标移到某个过渡效果上,右击,在弹出的快捷菜单中,选择"将所选过渡设置为默认过渡"命令,选中命令,如图 6-8 所示。

图 6-7 "交叉溶解"位置

图 6-8 改变默认过渡效果

当不使用快捷键添加默认过渡时,也可将光标移到所需要的过渡效果上,按住鼠标左键不放,将其拖到两段素材之间的连接处,然后放开鼠标左键。

对于两段素材之间已存在过渡效果且要改变过渡显示方式时,则可用鼠标选中两段素材已存在的过渡效果,然后在"效果控件"面板中进行修改,如图 6-9 所示。

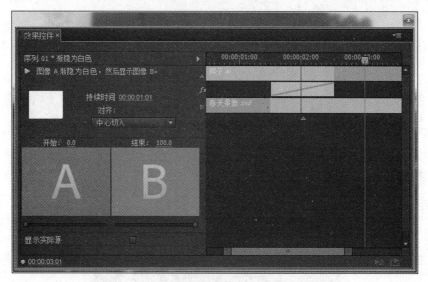

图 6-9   在效果控件面板中修改过渡效果属性

在图 6-9 所示中,右侧的时间线区可以设置过渡的时间和位置。两段素材之间添加过渡效果后,时间线上会有一个重叠区域,该重叠区域就是发生过渡的范围。

将光标移到"重叠区域"的左边界,或右边界,按住鼠标左键拖曳,即可改变过渡的时间长度,如图 6-10 所示,效果控件面板左侧"持续时间"发生改变。

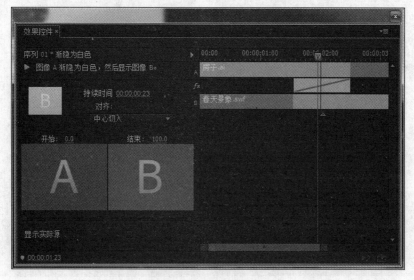

图 6-10   改变过渡时间

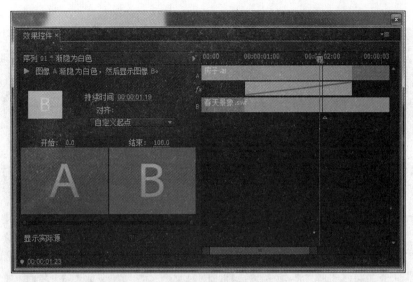

图 6-10(续)

　　将光标移到"重叠区域"中,按住鼠标左键往左或往右拖曳,即可改变过渡的位置,如图 6-11 所示。

　　左侧区域中的"对齐"下拉列表框,提供了以下几种过渡对齐方式。

　　(1) 中心切入:将切换添加到两段素材的中间部分,如图 6-12 所示。

　　(2) 起点切入:以第二段素材入点为准建立切换,如图 6-13 所示。

　　(3) 终点切入:以第一段素材出点为准建立切换,如图 6-14 所示。

　　(4) 自定义起点:表示可以通过自定义添加设置。

　　将光标移到过渡切换边缘,往左或往右拖动即可改变过渡的时间长度,如图 6-15 所示。

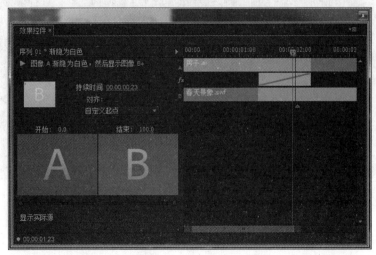

图 6-11　改变过渡位置

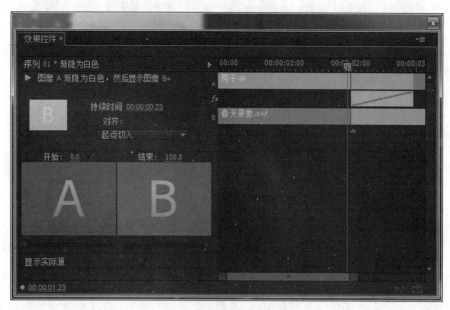

图 6-11(续)

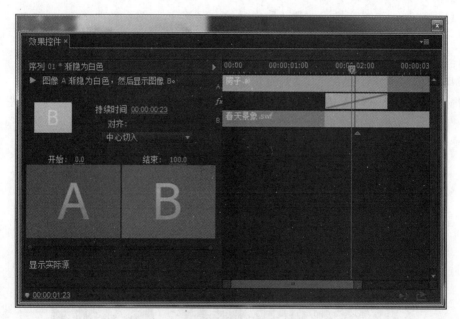

图 6-12 中心切入

图 6-12(续)

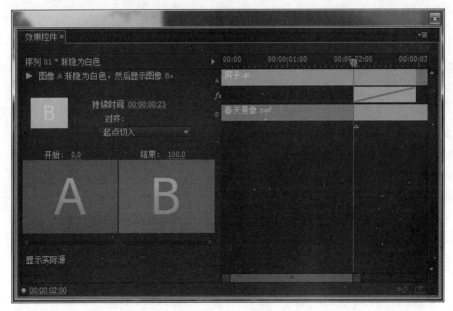

图 6-13 起点切入

图　6-13(续)

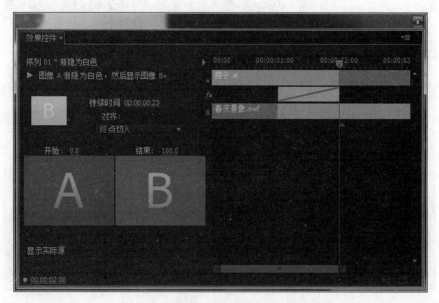

图 6-14　终点切入

图　6-14(续)

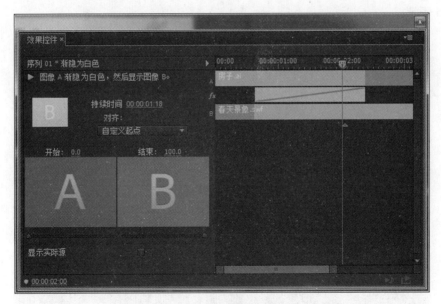

图 6-15　自定义起点

图　6-15(续)

　　两段素材之间的过渡,在默认状态下,切换是从视频轨道中左边(第一段素材)到右边
(第二段素材),若要改变切换的开始和结束状态,可拖动"开始"和"结束"下面的滑块,如
图 6-16 所示。

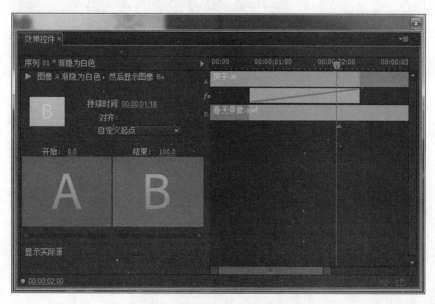

图 6-16　改变切换开始和结束状态

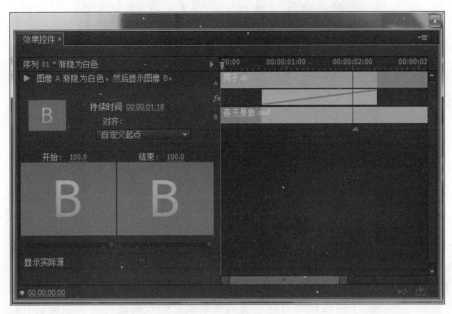

图　6-16（续）

选中"显示实际源"复选框：可以在"切换设置"对话框上方"开始"和"结束"窗口中显示切换的开始帧和结束帧，如图 6-17 所示。

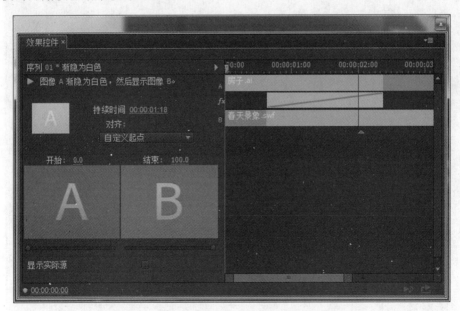

图 6-17　选中"显示实际源"复选框

图 6-17(续)

2. 动画素材之间的过渡

在时间序列面板中的视频轨道上放置两段动画素材,使两段素材前后连接,如图 6-18 所示。按 Ctrl＋D 组合键添加默认过渡效果"交叉溶解",弹出"过渡"对话框,如图 6-19 所示。这是由于两段动画素材放置到视频轨道中没有经过任何的剪辑处理,没有空闲的帧存储空间,导致过渡效果无法在两段动画素材中进行延伸帧。若单击"确定"按

图 6-18　放置两段动画素材并连接

钮,过渡效果被硬添加,过渡效果区域有斜线显示,如图6-20所示。单击节目监视器面板中的"播放"按钮进行观察,发现在过渡时存在着静止的画面与动画重叠,如图6-21所示。

图 6-19　放置动画素材并连接

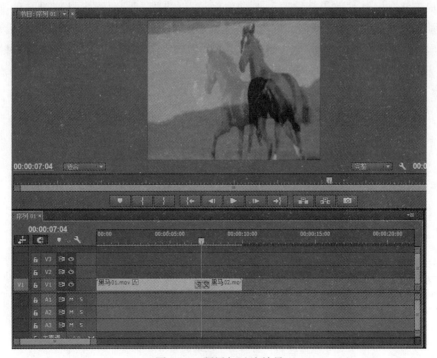

图 6-20　硬添加过渡效果

图 6-21　观察过渡效果

解决方法：以过渡效果持续时间 2 秒为例，可以将第一段动画素材剪辑 2 秒；或者将第二段动画素材剪辑 2 秒；或者将左右两段动画素材各剪辑 1 秒。若剪辑第一段动画素材 2 秒时，过渡效果切换对齐方式自动改为"起点切入"，如图 6-22 所示。若剪辑第二段

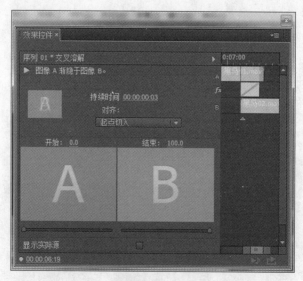

图 6-22　剪辑第一段动画素材 2 秒

图 6-22(续)

动画素材 2 秒时,过渡效果切换对齐方式自动改为"终点切入",如图 6-23 所示。若剪辑第一段动画素材和第二段动画素材各 1 秒时,过渡效果切换对齐方式自动改为"中心切入",如图 6-24 所示。单击节目监视器面板中的"播放"按钮进行观察,此时在过渡时静止的画面与动画重叠已消失,如图 6-25 所示。

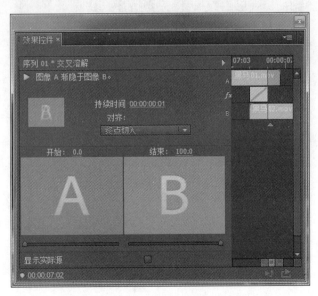

图 6-23 剪辑第二段动画素材 2 秒

图 6-23(续)

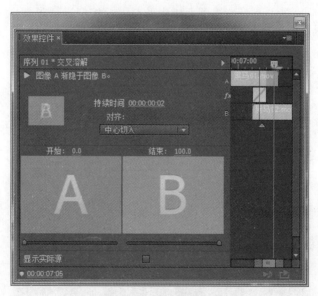

图 6-24 剪辑两段动画素材各 1 秒

图 6-24（续）

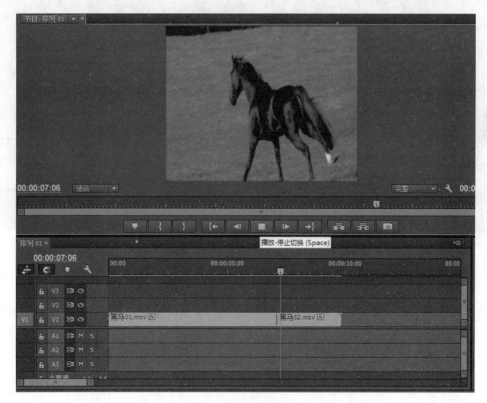

图 6-25 剪辑 2 秒后的效果

6.1.3 视频过渡效果的复制与粘贴

对于在不同素材之间添加同一个过渡效果时,还可以通过复制和粘贴的方法来实现。例如,如图 6-26 所示,在第一段素材与第二段素材之间添加"翻页"过渡效果,如图 6-27 所示。在视频轨道中选中"翻页"过渡,按 Ctrl+C 组合键,将时间播放针移到后面第二段和第三段素材之间的连接处,按 Ctrl+V 组合键粘贴,如图 6-28 所示,就可以用相同的方法为后面的各段素材之间——添加"翻页"过渡效果,如图 6-29 所示。

图 6-26　放置素材到视频轨道中

在两段素材之间添加过渡效果,称为双面过渡。只在一段素材上添加过渡效果,称为单面过渡。当过渡效果应用在单面过渡时,过渡的效果由黑场淡入到素材画面中(过渡效果添加到素材的入点处),或者由素材画面淡出到黑场(过渡效果添加到素材出点处)。

图 6-27 添加"翻页"过渡效果

图 6-28 复制"翻页"过渡效果

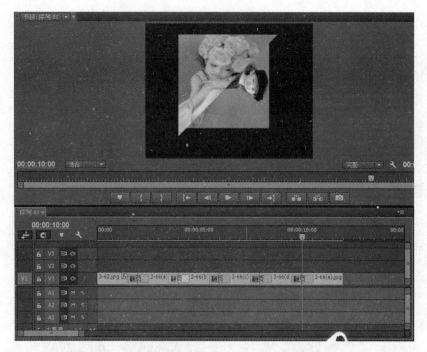

图 6-29 通过粘贴为后面素材——添加"翻页"过渡效果

6.2 使用自动匹配序列向时间序列面板的视频轨道素材添加过渡效果

如果需要将较多的素材放置到视频轨道中并添加某种过渡效果,可以采用"自动匹配序列"按钮功能。首先,在项目面板中选中要放置到视频轨道中的素材,然后单击"自动匹配序列"按钮 ▦ ,弹出"序列自动化"对话框,如图 6-30 所示,设置"顺序"选项、"剪辑重叠"的帧数和选中"应用默认视频过渡"复选框,单击"确定"按钮,如图 6-31 所示。

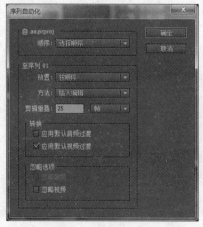

图 6-30 "序列自动化"对话框

图 6-31 应用"自动匹配序列"向视频轨道添加素材同时添加默认过渡

6.3 视频过渡效果

在 Premiere Pro CC 中一共有 10 种类型的视频过渡效果,每种类型的过渡效果下又包含多个效果。下面分别对 10 种类型下的效果进行介绍。

6.3.1 3D 运动效果组

3D 运动一共包含 10 种过渡效果,分别是向上折叠、帘式、摆入、摆出、旋转、旋转离开、立方体旋转、筋斗过渡、翻转和门。

1. 向上折叠

该效果能实现左边素材向上折叠,逐渐过渡到右边素材画面。

2. 帘式

该效果模仿窗帘拉开的效果,实现揭开左边素材逐渐过渡显示到右边素材画面。

3. 摆入

该效果可以实现右边素材从左边摆动出现在屏幕上,就像一扇门逐渐关闭一样。添加该效果后,还可以在效果控件面板中设置右边素材的摆动方向。

4. 摆出

该效果可以实现右边素材从左边摆动出现在屏幕上,并逐渐覆盖左边素材,产生关门效果。添加该效果后,还可以在效果控件面板中设置右边素材的摆动方向。

5. 旋转

该效果使右边素材从左边素材中心逐渐展开,然后覆盖左边素材。

6. 旋转离开

该效果使右边素材从左边素材中心旋转出现。

7. 立方体旋转

该效果使用旋转立方体来过渡从左边素材到右边素材的切换效果。

8. 筋斗过渡

该效果使左边素材像筋斗一样旋转翻出并逐渐缩小,显示出右边素材。

9. 翻转

该效果是沿垂直轴翻转左边素材来逐渐显示右边素材,并且还能在效果控件面板中对它的条带数量和填充颜色进行设置。

10. 门

该效果能使右边素材像门一样关闭,覆盖左边素材,还能在效果控件面板中对其切换方向、边宽和边色等进行设置。

6.3.2　伸缩效果组

伸缩一共包含4种过渡效果,分别是交叉伸展、伸展、伸展覆盖和伸展进入。

1. 交叉伸展

该效果通过平行挤压并覆盖左边素材来显示右边素材,还能在效果控件面板中对其切换方向、边宽和杂色等进行设置。

2. 伸展

该效果通过先压缩右边素材,然后逐渐伸展到整个画面来覆盖左边素材。

3. 伸展覆盖

该效果通过拉伸右边素材逐渐覆盖左边素材。

4. 伸展进入

该效果使左边素材在右边素材上方横向伸展,直至覆盖左边素材。

6.3.3　划像效果组

划像一共包含7种过渡效果,分别是交叉划像、划像形状、圆划像、星形划像、点划像、盒形划像和菱形划像。

1. 交叉划像

该效果可使左边素材以十字形的方式从右边素材的中心消退,直到完全显示出右边素材。

2. 划像形状

该效果可使右边素材产生多个规则的形状,如矩形、椭圆等,从左边素材上逐渐展开,直到覆盖左边素材。还能在效果控件面板中设置形状的类型和数量等。

3. 圆划像

该效果可使右边素材以圆形的方式在左边素材中展开。

4. 星形划像

该效果可使右边素材从左边素材以五角星的方式展开。

5. 点划像

该效果可使右边素材以倾斜角的十字形在左边素材上展开。

6. 盒形划像

该效果可使右边素材以矩形的方式从左边素材上展开。

7. 菱形划像

该效果可使右边素材以菱形的方式从左边素材上展开。

6.3.4 擦除效果组

擦除一共包含17种过渡效果,分别是划出、双侧平推门、带状擦除、径向擦除、插入、时钟式擦除、棋盘、棋盘擦除、楔形擦除、水波块、油漆飞溅、渐变擦除、百叶窗、螺旋框、随机块、随机擦除和风车。

1. 划出

该效果可使右边素材从左侧开始擦过左边素材。

2. 双侧平推门

该效果可使左边素材以展开和关门的方式过渡到右边素材。

3. 带状擦除

该效果可使右边素材以条状方式从水平方向进入场景并覆盖右边素材。还能在效果控件面板中设置擦除的方向和数量等。

4. 径向擦除

该效果可使右边素材从场景右上角开始顺时针擦过画面,覆盖左边素材。

5. 插入

该效果可使右边素材以矩形方框的形式进入场景,覆盖右边素材。

6. 时钟式擦除

该效果可使右边素材以圆周的顺时针方向擦入场景。

7. 棋盘

该效果可使左边素材以棋盘的方式消失,逐渐显示出右边素材。

8.棋盘擦除

该效果可使右边素材以切片的棋盘方块从左侧逐渐延伸到右侧,覆盖左边素材。还能在效果控件面板中设置其过渡的方向,也可单击"自定义"按钮,打开"棋盘擦除"对话框,对切片的水平和垂直方向的数量进行设置。

9.楔形擦除

该效果可使右边素材以楔形的方式从场景中往下开始过渡,逐渐覆盖左边素材。

10.水波块

该效果可使右边素材以Z形交错的方式扫过左边素材,还能在效果控件面板中单击"自定义"按钮,在该对话框中设置水波块水平和垂直方向的数量。

11.油漆飞溅

该效果可使右边素材以墨点的方式逐渐覆盖左边素材,过渡到场景。

12.渐变擦除

该效果可使用一张灰度图像来制作渐变切换,能使左边素材充满灰度图像的黑色区域,然后右边素材逐渐擦过屏幕。还能在效果控件面板中打开"渐变擦除设置"对话框,在其中单击"选择图像"按钮可选择作为灰度图像的图像,在"柔和度"文本框中可输入需要过渡边缘的羽化程度。

13.百叶窗

该效果可使右边素材以逐渐加粗的色条进行显示,效果类似于百叶窗,还能在效果控件面板中单击"自定义"按钮,在该对话框中设置色条的数量。

14.螺旋框

该效果可使右边素材以矩形方框围绕画面移动,就像一个螺旋的条纹。还能在效果控件面板中单击"自定义"按钮,在该对话框中设置矩形方框在水平和垂直方向上的数量。

15.随机块

该效果可使右边素材以矩形方块逐渐遍布在整个屏幕上。还能在效果控件面板中单击"自定义"按钮,在该对话框中设置矩形方块的宽和高。

16.随机擦除

该效果可使右边素材从屏幕上方以逐渐增多的小方块覆盖左边素材。

17.风车

该效果可使右边素材以旋转变化的风车形状出现,覆盖左边素材。还能在效果控件面板中单击"自定义"按钮,在该对话框中设置楔形的数量。

6.3.5 映射效果组

映射一共包含2种过渡效果,分别是声道映射和明亮度映射。

1．声道映射

该效果可在左边素材或右边素材中选择通道映射到另一个图像的通道中。还能在效果控件面板中打开"通道映射设置"对话框,在该对话框中可设置通道映射相应的参数。

2．明亮度映射

该效果可使左边素材的明亮度映射到右边素材上。

6.3.6　溶解效果组

溶解一共包含 8 种过渡效果,分别是交叉溶解、叠加溶解、抖动溶解、渐隐为白色、渐隐为黑色、胶片溶解、随机反转和非叠加溶解。

1．交叉溶解

该效果可使左边素材淡化,使右边素材逐渐淡入。

2．叠加溶解

该效果可使左边素材以加亮模式淡化为右边素材。

3．抖动溶解

该效果可使左边素材以许多小点进行淡化,再使右边素材通过许多小点进行淡入。

4．渐隐为白色

该效果可使左边素材淡化为白色,再淡入右边素材。

5．渐隐为黑色

该效果可使左边素材以变暗的方式淡化为右边素材。

6．胶片溶解

该效果可使左边素材渐隐于右边素材。

7．随机反转

该效果可使左边素材以方块的方式过渡到右边素材。还能在效果控件面板中设置方块的宽、高、反相源和反相目标等。

8．非叠加溶解

该效果可使左边素材与右边素材的亮度叠加消融。

6.3.7　滑动效果组

滑动一共包含 12 种过渡效果,分别是中心合并、中心拆分、互换、多旋转、带状滑动、拆分、推、斜线滑动、旋绕、滑动、滑动带和滑动框。

1．中心合并

该效果可使左边素材分成 4 部分,并滑动到场景中心以显示右边素材。

2．中心拆分

该效果将左边素材分为 4 部分,并滑动到角落以显示右边素材。

3．互换

该效果可使左边素材和右边素材都移到场景的两边,然后返回中心交换显示。

4．多旋转

该效果可使右边素材以多个旋转矩形的方式出现。还能在效果控件面板中单击自定义对话框,在该对话框中可设置矩形在水平和垂直方向上的数量。

5．带状滑动

该效果可使右边素材在水平、垂直或对角线方向上以条形滑入,逐渐覆盖左边素材。还能在效果控件面板中单击"自定义"对话框,在该对话框中可设置滑动带的数量。

6．拆分

该效果可使左边素材拆分并滑动到两边,以显示出右边素材。

7．推

该效果可使右边素材将左边素材从场景的左侧推到一边。

8．斜线滑动

该效果可使右边素材被分割成很多独立的部分,并滑动到左边素材的上方。还能在效果控件面板中单击"自定义"对话框,在该对话框中可设置切片的数量。

9．旋绕

该效果可使右边素材从很多旋涡矩形中旋转进入场景。还能在效果控件面板中单击"自定义"对话框,在该对话框中可设置旋涡水平或垂直方向上的数量和转动的速率。

10．滑动

该效果可使右边素材滑动到左边素材的上面。

11．滑动带

该效果可通过水平或垂直的条带,使右边素材从左边素材下面显示出来。还能在效果控件面板中改变滑动带的方向。

12．滑动框

该效果将以条带移动的方式将右边素材滑动到左边素材上方。还能在效果控件面板中调整条带移动的方向。也可以单击"自定义"对话框,在该对话框中设置条带的数量。

6.3.8　特殊效果组

特殊一共包含 3 种过渡效果,分别是三维、纹理和置换。

1．三维

该效果可将源素材映射到红色和蓝色输出通道中。

2．纹理

该效果可使左边素材映射到右边素材上。

3. 置换

该效果可使左边素材的 RGB 通道置换右边素材的像素。

6.3.9 缩放效果组

缩放一共包含 4 种过渡效果,分别是交叉缩放、缩放、缩放框和缩放轨迹。

1. 交叉缩放

该效果可使左边素材先放大,然后再缩小右边素材。

2. 缩放

该效果是通过缩放右边素材来覆盖左边素材。

3. 缩放框

该效果可使右边素材放大成多个方框,以覆盖左边素材。还能在效果控件面板中单击"自定义"对话框,在该对话框中可设置缩放框形状数量的宽和高。

4. 缩放轨迹

该效果可使左边素材带着拖尾缩放离开,以显示右边素材。

6.3.10 页面剥落效果组

页面剥落一共包含 5 种过渡效果,分别是中心剥落、剥开背面、卷走、翻页和页面剥落。

1. 中心剥落

该效果可在左边素材的中心创建 4 个翻页并向外翻开来显示右边素材。

2. 剥开背面

该效果可在左边素材的中心创建 4 个翻面,再以左上、右上、右下或左下的顺序来翻开左边素材,然后显示右边素材。

3. 卷走

该效果可使左边素材从左边开始卷轴卷起页,然后显示出右边素材。

4. 翻页

该效果可使左边素材从左上角开始翻开页面,然后显示出右边素材。

5. 页面剥落

该效果可使左边素材从页面左上角滚动到右下角来显示右边素材。

6.4 视频效果

6.4.1 视频效果简介

在 Premiere Pro CC 中编辑素材后,可以通过将视频效果应用于视频素材中为其增加剪辑效果。例如,视频效果可以改变剪辑素材的曝光度、颜色、扭曲图像或增加艺术感等。

　　Premiere Pro CC 中提供了一些默认视频效果,用户在剪辑素材中应用其视频效果就可以立即看到其结果,并可以根据需要的效果来设置或改变视频效果属性值。Premiere Pro CC 中大部分的视频效果都可以改变其属性值。

6.4.2　视频效果查找

　　在 Premiere Pro CC 中,要应用视频效果时,需要选择"窗口"|"效果"命令,在软件主界面中显示出效果面板,如图 6-32 所示,然后展开"视频效果"选项,即列出默认的所有视频效果,如图 6-33 所示。

图 6-32　调出效果面板

图 6-33　展开"视频效果"选项

　　在 Premiere Pro CC 中默认提供了 130 多种视频效果,按类别分别存放在 16 个子文件夹中,当需要应用某个子文件夹中的效果时,则需要再展开某个子文件夹,如图 6-34 所示。当用户知道视频效果的名称时,则可以在"效果"面板中的查找文本框中输入该名称,例如,查找"变换",如图 6-35 所示。

6.4.3　视频效果添加、关闭和删除

　　当需要在某段素材上应用某种视频效果时,则选择"窗口"|"效果"命令,打开效果面板,在效果面板中的"视频效果"下展开所要添加视频效果所在的文件夹,例如,展开"扭曲"文件夹,选中"放大"效果按住鼠标左键不放,将其拖到时间序列面板中视频轨道上所

图 6-34 展开视频效果的子文件夹

图 6-35 查找"变换"视频效果

要添加效果的素材中,如图 6-36 所示;或者,在视频轨道中选中所要添加效果的素材,然后将光标移到效果面板中的"放大"效果上双击,即可添加其效果;或者,在视频轨道中选中所要添加效果的素材,然后将光标移到效果面板中选中"放大"效果按住鼠标左键不放将其拖到效果控件面板中放开鼠标。

当在编辑的操作中不再需要添加的效果时,可以通过"效果控件"将其删除,如将图 6-36 所示"放大"效果从素材 1.jpg 中删除,操作过程是将光标移到效果控件面板中,选中"放大"效果,按 Delete 键将其删除,如图 6-37 所示;或者在"放大"效果中右击弹出快捷菜单,选择"清除"命令将其删除,如图 6-38 所示。

对于添加的效果也可以通过"切换效果开关"来关闭其效果。如将"放大"效果关闭,操作过程是将光标移到效果控件面板中的"放大"效果前面按钮 fx 上,单击将其关闭,如图 6-39 所示。

在效果控件面板中,固定效果(运动、不透明度和时间重映射)不能被删除,但可以被关闭,如图 6-40 所示。

当在编辑操作中,对于多段素材要添加同一个效果时,可以在视频轨道中选中所有素材,然后将光标移到效果面板中要添加的效果上,双击即可将效果添加到所选中的素材中,或者在视频轨道中选中所有素材,然后将光标移到效果面板中要添加的效果上,按住鼠标左键不放将其拖到所选中的任意素材中,如图 6-41 所示。

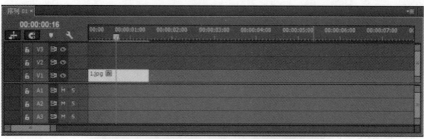

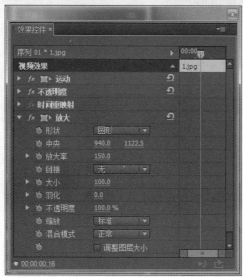

图 6-36　添加放大效果到视频轨道素材中

图 6-37　使用 Delete 键删除"放大"效果

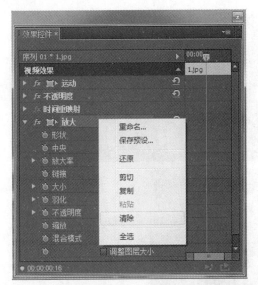

图 6-38 使用"清除"命令删除"放大"效果

图 6-39 使用"切换效果开关"按钮关闭效果

图 6-40 关闭固定效果

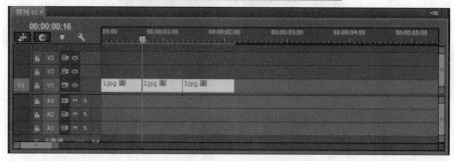

图 6-41　添加同一个效果到多段素材中

6.4.4　视频效果的复制和粘贴

在效果控件面板中,选中一个或多个所要添加的效果并按 Ctrl+C 组合键复制,然后在视频轨道中选中要添加效果的素材,然后按 Ctrl+V 组合键粘贴,如图 6-42 所示。

还可以有选择地从一段素材复制部分效果到其他素材中,例如,选中一段素材,按 Ctrl+C 组合键复制,然后在视频轨道中选中要添加效果的素材上右击,弹出快捷菜单,选择"粘贴属性"命令,如图 6-43 所示,弹出"粘贴属性"对话框,如图 6-44 所示,根据需要选择相应的属性,单击"确定"按钮,即可复制前一个全部或部分属性到所要添加效果的素材上,如图 6-45 所示。

图 6-42 复制效果

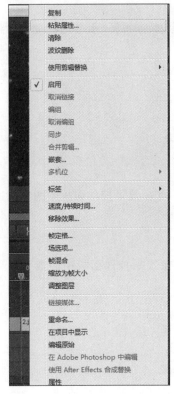

图 6-43 选择"粘贴属性"命令

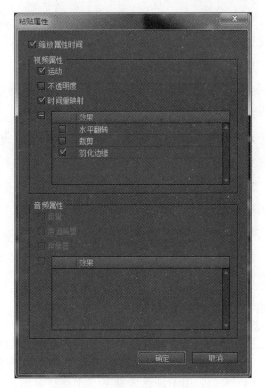

图 6-44 "粘贴属性"对话框

图 6-45　复制前段素材部分属性到需要添加的素材上

6.5　常用视频效果

Premiere Pro CC 中提供了 16 种视频效果类型,下面对部分视频效果组进行介绍。

6.5.1　变换效果组

变换一共包含 7 种效果,分别是垂直定格、垂直翻转、摄像视图、水平定格、水平翻转、羽化边缘和裁剪,以下主要介绍常用的几种。

1. 垂直翻转

垂直翻转效果能使原始素材上下翻转,使画面倒立。

2. 水平翻转

水平翻转效果能模拟水平控制旋钮产生的效果。

3. 羽化边缘

羽化边缘效果可使素材的边缘创建三维羽化效果。可在效果控件面板中的羽化边缘效果栏调整"数量"属性值来改变羽化的程度。

4. 裁剪

裁剪效果能对素材的上、下、左、右都进行裁剪。可在效果控件面板中的裁剪效果栏设置裁剪值。

裁剪效果栏中的各选项含义如下所示。

(1) 左对齐:用于设置素材左边距离被裁剪的百分比。

(2) 顶部:用于设置素材上方距离被裁剪的百分比。

(3) 右对齐:用于设置素材右边距离被裁剪的百分比。

(4) 底部:用于设置素材下方距离被裁剪的百分比。

6.5.2　扭曲效果组

扭曲一共包含 13 种效果,分别是 Wrap Stabilizer、位移、变换、弯曲、放大、旋转、果冻效应修复、波形变形、球面化、紊乱置换、边角定位、镜像和镜头扭曲，以下主要介绍常用的几种。

1. 变换

变换效果应用于对素材的位置、尺寸、透明度和倾斜角度等属性设置。可在"效果控件"面板中的变换效果栏进行相应属性设置。

变换效果栏中的各选项含义如下所示。

(1) 锚点：用于设置定位点的不平和垂直方向上的坐标位置。

(2) 位置：用于设置素材在画面中的水平和垂直坐标位置。

(3) 等比缩放复选框：选中该复选框，"缩放高度"和"缩放宽度"选项将不能使用。

(4) 缩放高度：未选中"等级缩放"复选框，该选项可用，用于设置素材的缩放高度。

(5) 缩放宽度：未选中"等级缩放"复选框，该选项可用，用于设置素材的缩放宽度。

(6) 倾斜：用于设置素材的倾斜程度，值越大，向右边倾斜角度越大。

(7) 旋转：用于设置素材放置的角度，值越大，透明度越高。

(8) 不透明度：用于设置素材的不透明度，值越大，不透明度越高。

(9) 快门角度：用于设置素材的遮挡角度，值越大，遮挡的角度越大。

2. 放大

放大效果能使素材放大某一区域的部分，使其突出，不仅能便于内容的查看，更能吸引观众的目光。可在效果控件面板中的放大效果栏进行相应属性设置。

放大效果栏中的各选项含义如下所示。

(1) 形状下拉列表框：用于设置放大区域的形状，可选择圆形和正方形。

(2) 中央：用于设置放大区域所在画面的水平和垂直点的坐标。

(3) 放大率：用于设置被放大区域的放大倍数。

(4) 链接下拉列表框：用于选择放大区域的模式，有无、大小至放大率与大小和羽化至放大率 3 个选项。

(5) 大小：用于设置放大区域的尺寸。

(6) 羽化：用于设置放大区域的羽化值。

(7) 不透明度：用于设置放大区域的不透明度。

(8) 缩放下拉列表框：用于设置缩放的类型，可选择标准、柔和、扩散 3 个选项。

(9) 混合模式下拉列表框：用于设置放大区域与原素材颜色的混合模式。

3. 旋转

旋转效果能使素材产生沿中心轴旋转的效果。可在效果控件面板中的旋转效果栏进行相应属性设置。

旋转效果栏中的各选项含义如下所示。

(1) 角度：用于设置旋涡的旋转角度。

(2) 旋转扭曲半径：用于设置产生的旋涡的半径大小。

(3) 旋转扭中心：用于设置产生旋涡的水平和垂直方向上的坐标位置，即旋涡的中心点。

4. 球面化

球面化效果能使素材平面变为球面图像效果。可在效果控件面板中的旋转效果栏进行相应属性设置。

球面化效果栏中的各选项含义如下所示。

(1) 半径：用于设置球面的半径，值越大，球面越大。

(2) 球面中心：用于产生球面的中心点位置。

5. 边角定位

边角定位效果能用于改变素材 4 个边角的坐标位置。可在效果控件面板中的边角定位效果栏进行相应属性设置。

边角定位效果栏中的各选项含义如下所示。

(1) 左上：用于设置素材左上角的坐标位置。

(2) 右上：用于设置素材右上角的坐标位置。

(3) 左下：用于设置素材左下角的坐标位置。

(4) 右下：用于设置素材右下角的坐标位置。

6.5.3 过渡效果组

过渡一共包含 5 种效果，分别是块溶解、径向擦除、渐变擦除、百叶窗和线性擦除，以下进行介绍。

1. 块溶解

块溶解效果可以通过随机产生的像素块对图像进行溶解，可在效果控件面板中的块溶解效果栏对过渡完成、块宽度、块高度、羽化等进行调整。

2. 径向擦除

径向擦除效果可以通过在指定的位置以顺时针或逆时针的方向来擦除素材，以显示其下方的场所，可在效果控件面板中的径向溶解效果栏对过渡完成、超始角度、擦除中心、擦除方向和羽化进行调整。

3. 渐变擦除

渐变擦除效果可以通过在指定层与原图层之间的亮度值进行过渡。可在效果控件面板中的渐变擦除效果栏对过渡完成、过渡柔和度、渐变图层、渐变放置等进行调整。

4. 百叶窗

百叶窗效果能以条纹的形式显示素材。可在效果控件面板中的百叶窗效果栏对过渡完成、方向、宽度、羽化进行调整。

5. 线性擦除

线性擦除效果能从画面左侧逐渐擦除素材。可在效果控件面板中的线性擦除效果栏中对过渡完成、擦除角度和羽化等方面进行调整。

6.5.4 风格化效果组

风格化一共包含13种效果,分别是 Alpha 发光、复制、彩色浮雕、抽帧、曝光过度、查找边缘、浮雕、画笔描边、粗糙边缘、纹理化、闪光灯、阈值和马赛克,以下对部分效果进行介绍。

1. Alpha 发光

Alpha 发光效果能在带 Alpha 通道的素材边缘增加辉光,可在效果控件面板中的 Alpha 发光效果栏对其属性进行调整。应用前后的效果对比,如图 6-46 所示。

图 6-46　Alpha 发光效果

Alpha 发光效果栏中的各选项含义如下所示。

(1) 发光:用于设置辉光从 Alpha 发光通道向外扩散的距离。

(2) 亮度:用于设置辉光的强度,其值越大,辉光越强。

(3) 起始颜色:用于设置辉光的内部颜色。

(4) 结束颜色:用于设置辉光的外部颜色。

2. 复制

复制效果能将素材复制为指定的数。可在效果控件面板中的复制效果栏对其属性进行调整。应用前后的效果对比,如图 6-47 所示。

图 6-47　复制效果

复制效果栏中的计数含义:用于在画面中划分显示出水平计数×垂直计数的网格数量,如计数为 3,就能在画面中划分出 3×3=9 个网格,将图像复制为 9 个,如图 6-48 所示。

3. 彩色浮雕

彩色浮雕效果能使素材的轮廓锐化,产生彩色的浮雕。可在效果控件面板中的彩色浮雕效果栏对其属性进行调整。应用前后的效果对

图 6-48　设置计数为 3 效果

比,如图 6-49 所示。

图 6-49　彩色浮雕效果

彩色浮雕效果栏中的各选项含义如下所示。

(1) 方向:用于设置浮雕的方向。

(2) 起伏:用于设置浮雕边缘的最大加亮宽度。

(3) 对比度:用于设置图像内容的边缘锐利程度,值越大,加亮区域越亮。

(4) 与原始图像混合:用于设置的效果与原始图像融合。

4. 浮雕

浮雕效果与彩色浮雕效果类似,都是通过锐化物体轮廓来产生浮雕的效果,不同的是,浮雕效果没有彩色。可在效果控件面板中的浮雕效果栏对其属性进行调整。应用前后的效果对比,如图 6-50 所示。

图 6-50　浮雕效果

浮雕效果中的属性与彩色浮雕效果一样。

5. 画笔描边

画笔描边效果能模拟美术画笔绘画的效果。可在效果控件面板中的画笔描边效果栏对其属性进行调整。应用前后的效果对比,如图 6-51 所示。

图 6-51　画笔描边效果

6. 闪光灯

闪光灯效果能在一定周期或随机地创建闪光灯效果。可在效果控件面板中的闪光灯效果栏对其属性进行调整。应用前后的效果对比,如图6-52所示。

图 6-52　闪光灯效果

闪光灯效果栏中的各选项含义如下所示。

(1) 闪光色:用于设置闪光的颜色效果。

(2) 与原始图像混合:用于设置的效果与原始图像融合。

(3) 闪光持续时间(秒):用于设置闪光的持续时间。

(4) 闪光周期(秒):用于设置闪光从上一次闪动开始到闪动结束的时间。只有当其值大于"闪光持续时间(秒)"才能出现闪频效果。

(5) 随机闪光概率:用于创建随机闪光灯效果,其值越大,闪光效果的随机越高。

(6) 闪光下拉列表框:用于选择闪光效果的类型。

(7) 闪光运算符下拉列表框:用于选择闪光灯效果的运算方法。

(8) 随机植入:用于设置闪光的随机的明暗程度。

7. 马赛克

马赛克效果能在素材中产生马赛克,以遮盖素材。可在效果控件面板中的马赛克效果栏对其属性进行调整。应用前后的效果对比,如图6-53所示。

图 6-53　马赛克效果

马赛克效果栏中的各选项含义如下所示。

(1) 水平块:用于设置水平方向上的分割色块数量。

(2) 垂直块:用于设置垂直方向上的分割色块数量。

(3) 锐化颜色复选框:用于设置马赛克的锐化效果。

6.6　任务实现

下面介绍小狗画中画的过渡。

(1) 启动 Premiere Pro CC 软件,单击"新建项目",弹出"新建项目"对话框,将"名称"输入"小狗画中画",单击"确定"按钮,进入 Premiere Pro CC 工作界面,按 Ctrl＋N 组合键,弹出"新建序列"对话框,选择 HDV 720p25 序列,单击"确定"按钮,新建"序列 01",如图 6-54 所示。

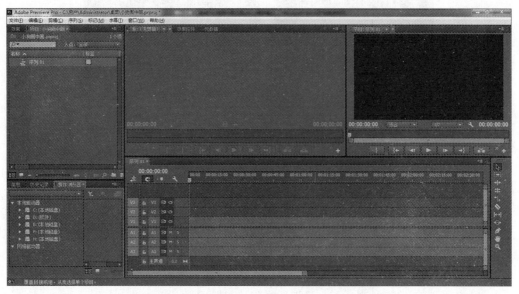

图 6-54　新建"序列 01"后的 Premiere Pro CC 主界面

　　(2) 选择"文件"|"导入"命令,弹出"导入"对话框,选择 12 张小狗图像文件("小狗 1.jpg""小狗 2.jpg""小狗 3.jpg""小狗 4.jpg""小狗 5.jpg""小狗 6.jpg""小狗 7.jpg""小狗 8.jpg""小狗 9.jpg""小狗 10.jpg""小狗 11.jpg""小狗 12.jpg")和 1 个声音文件(节奏音乐.wav),单击"打开"按钮,文件被导入窗口的项目面板中,选择"小狗 1.jpg"至"小狗 12.jpg"的 12 张素材图像,在其中任意一张上,右击弹出快捷菜单,选择"速度/持续时间"命令,弹出"剪辑速度/持续时间"对话框,将持续时间设置为 00:00:03:00,单击"确定"按钮完成设置。

　　(3) 在时间序列面板中选中视频轨道 V1,然后选中项目面板中的"小狗 7.jpg"文件,右击弹出快捷菜单,选择"插入"命令,文件被插入视频轨道 V1 中,在效果控件面板中,展开运动效果,将位置设置为 640 和 360,选择"等比缩放"复选框(取消等比缩放约束),缩放高度设置为 119,缩放宽度设置为 160,如图 6-55 所示。

图 6-55　设置"小狗 7.jpg"运动效果属性值及效果

（4）按 Ctrl＋N 组合键，弹出"新建序列"对话框，选择 HDV 720p25 序列，单击"确定"按钮，效果如图 6-56 所示。

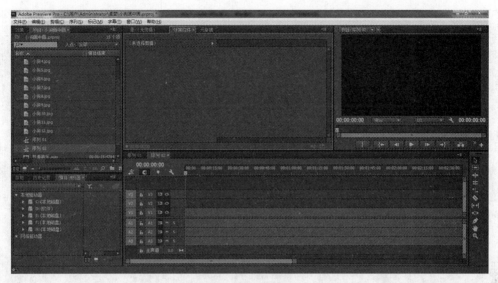

图 6-56 新建时间序列 02

（5）将项目面板中的"小狗 8.jpg"文件拖到序列 02 面板中的视频轨道 V1 中，如图 6-57 所示。在"效果控件"面板中，展开"运动"效果，将位置设置为 640 和 360，选择"等比缩放"复选框（取消等比缩放约束），缩放高度设置为 119.3，缩放宽度设置为 160，如图 6-58 所示。

图 6-57 将"小狗 8.jpg"拖至序列 02 面板的视频轨道 V1 中

图 6-58 设置"小狗 8.jpg"运动效果属性效果

（6）按 Ctrl＋N 组合键，弹出"新建序列"对话框，选择 HDV 720p25 序列，输入序列名称为"画中画过渡"，单击"确定"按钮，如图 6-59 所示。

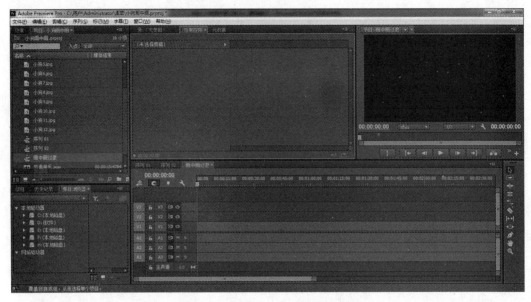

图 6-59　新建画中画过渡序列效果

（7）在项目面板下方，单击"新建"按钮，弹出快捷菜单，选择"黑场视频"，弹出"新建黑场视频"对话框，如图 6-60 所示，单击"确定"按钮，如图 6-61 所示，在项目面板中将其拖到"画中画过渡"序列的视频轨道 V1 中，在视频轨道 V1 中的"黑场视频"素材上右击弹出快捷菜单，选择"速度/持续时间"命令，弹出"剪辑速度/持续时间"对话框，设置持续时间为 00：00：14：15，单击"确定"按钮，如图 6-62 所示。

图 6-60　"新建黑场视频"对话框

图 6-61　新建黑场视频

图 6-62 设置持续时间效果

（8）在效果面板中展开"视频效果"，选择"生成"选项，选择"四色渐变"将其拖到时间序列"画中画过渡"的视频轨道 V1 中的素材上，如图 6-63 所示，在效果控件面板中，单击"颜色 1"右边的颜色块，弹出"拾色器"对话框，设置 R：107，G：107，B：107，单击"确定"按钮，如图 6-64 所示。用相同的方法设置"颜色 2"的 RGB(32,72,81)；"颜色 3"的 RGB(22,45,53)；"颜色 4"的 RGB(14,17,20)，效果如图 6-65 所示。

图 6-63 将"四色渐变"效果添加至黑场视频中

图 6-64 应用拾色器中的颜色 1 效果

（9）将项目面板中的"小狗 1.jpg""小狗 2.jpg""小狗 3.jpg"分别拖到时间序列"画中画过渡"面板的视频轨道 V2、V3、V4 开始处，并将其出点都设置为 00：00：02：15，如

图 6-66 所示。选中 V2 中的"小狗 1.jpg",在效果控件面板中展开"运动"效果,设置位置为 212 和 346,缩放为 50。用相同的方法设置"小狗 2.jpg"的位置为 639.9 和 346,缩放为 50;"小狗 3.jpg"的位置为 1063.5 和 346,缩放为 50,效果如图 6-67 所示。

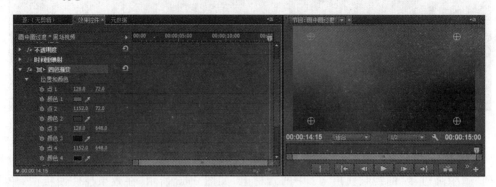

图 6-65　应用拾色器中的所有颜色效果

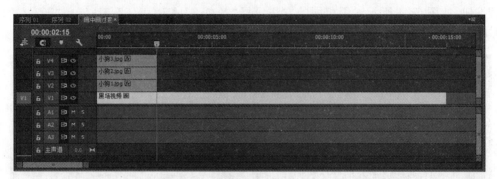

图 6-66　设置 V2、V3、V4 素材出点

图 6-67　设置"小狗 3.jpg"素材的运动效果属性

（10）在项目面板窗口中,将"小狗 4.jpg""小狗 5.jpg""小狗 6.jpg"分别拖至时间序列"画中画过渡"面板的视频轨道 V2、V3、V4 的 00:00:03:00 处,并将其出点都设置为 00:00:05:15。选中 V2 中的"小狗 4.jpg",在效果控件面板中展开"运动"效果,设置位置为 316 和 360,缩放为 72,如图 6-68 所示。用相同的方法设置"小狗 5.jpg"的位置为 954 和 178,缩放为 55;"小狗 6.jpg"的位置为 957 和 536.7,缩放为 55,效果如图 6-69 所示。

图 6-68　设置"小狗 4.jpg"运动效果属性

图 6-69　设置"小狗 6.jpg"素材的运动效果属性

（11）将项目面板中的时间序列 01 拖至时间序列"画中画过渡"的视频轨道 V2、V3 的 00：00：06：00 处，并将其出点都设置为 00：00：08：16。在效果控件面板中展开"键控"效果，选择"4 点无用信号遮罩"将其拖到视频轨道 V2 和 V3 的"小狗 7.jpg"上，如图 6-70 所示，选择 V2 中的"小狗 7.jpg"，在效果控件面板中展开"运动"效果，设置位置：611，362；选择"等比缩放"（高度和宽度等比约束），缩放：80；锚点：400,300；展开 4 点无用信号遮罩，设置上左：362，-0.9；上右：718.3，-7.4；下右：800.8,510.1；下左：457.7,510.1，如图 6-71 所示。用相同的方法设置视频轨道 V3 中"小狗 7.jpg"的位置：777,709.6；选择"等比缩放"（高度和宽度等比约束），缩放：80；锚点：640,360；四点无用信号遮罩的上左：11.8,2.9；上右：361.2,2.3；下右：463.8，513.9；下左：97.6,520.5，如图 6-72 所示。

图 6-70　添加 4 点无用信号遮罩效果至时间序列 01 中

图 6-71　设置 V2 中"小狗 7.jpg"的运动效果和 4 点无用信号遮罩效果属性

图 6-72　设置 V3 中"小狗 7.jpg"的运动效果和 4 点无用信号遮罩效果属性

（12）将项目面板中的"序列 02"拖至时间序列"画中画过渡"的视频轨道 V2、V3、V4 的 00:00:09:00 处,并将其出点都设置为:00:00:11:18,如图 6-73 所示。在效果控件面板中展开"键控"选项,选择"4 点无用信号遮罩"将其拖到视频轨道 V2、V3 和 V4 中的"小狗 8.jpg"上,如图 6-74 所示,选择 V2 中的"小狗 8.jpg",在效果控件面板中展开"运动"效果,设置位置:640,362;缩放高度:119,缩放宽度:160;锚点:400,300;展开 4 点无用信号遮罩,设置上左:555.4,79;上右:773.3,79;下右:739.5,534.7;下左:516,534.7,如图 6-75 所示。用相同的方法设置视频轨道 V3 中"小狗 8.jpg"的位置:669,362;缩放高度:119,缩放宽度:160;锚点:400,300;4 点无用信号遮罩的上左:309.3,75.2;上右:523,77.1;下右:485.1,534.7;下左:260.3,532.8,如图 6-76 所示。用相同的方法设置视频轨道 V4 中"小狗 8.jpg"的位置:643,362;缩放高度:119;缩放宽度:160;锚

图 6-73　设置添加素材的出点

点：400,300；4 点无用信号遮罩的上左：87.2,73.3；上右：314.9,75.2；下右：264.3,534.7；下左：30.9,538.4，如图 6-77 所示。

图 6-74　添加 4 点无用信号遮罩效果至小狗 8.jpg 中

图 6-75　设置 V2 中"小狗 8.jpg"的运动效果和 4 点无用信号遮罩效果属性

图 6-76　添加并设置 V3 中"小狗 8.jpg"的运动效果和 4 点无用信号遮罩效果属性

图 6-77　添加并设置 V4 中"小狗 8.jpg"的运动效果和 4 点无用信号遮罩效果属性

（13）将项目面板窗口中的"小狗 9.jpg""小狗 10.jpg""小狗 11.jpg"和"小狗 12.jpg"拖至时间序列"画中画过渡"的视频轨道 V2、V3、V4 和 V5 的 00：00：12：00 处，并将其出点都设置为 00：00：14：24，如图 6-78 所示。选择 V2 中的"小狗 9.jpg"，在效果控件面板中展开"运动"效果，设置位置：216，360；缩放：50，如图 6-79 所示。用相同的方法设置视频轨道 V3 中"小狗 10.jpg"的位置：639，171.8；缩放：50，如图 6-80 所示。用相同的方法设置视频轨道 V4 中"小狗 11.jpg"的位置：1060.7，358.8；缩放：50，如图 6-81 所示。用相同的方法设置视频轨道 V5 中"小狗 12.jpg"的位置：641.4，548；缩放：50，如图 6-82 所示。

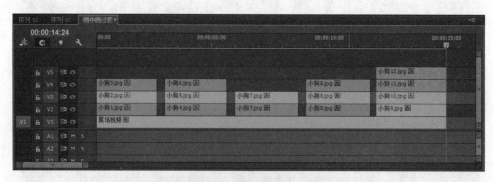

图 6-78　设置添加到轨道中素材的出点

（14）选择"编辑"|"首选项"|"常规"命令，弹出"首选项"对话框，设置"视频过渡默认持续时间"为 25 帧（1 秒），单击"确定"按钮，设置完成。

图 6-79　设置 V2 中"小狗 9.jpg"的运动效果属性

图 6-80　设置 V3 中"小狗 10.jpg"的运动效果属性

图 6-81　设置 V4 中"小狗 11.jpg"的运动效果属性

图 6-82　设置 V5 中"小狗 12.jpg"的运动效果属性

(15)在效果控件面板中展开"视频过渡",选择"擦除"中的"百叶窗",将其拖至"画中画过渡"面板的视频轨道V2、V3、V4的入点和出点处,选中V2中的入点处"百叶窗",在效果控件面板中,单击"自定义"按钮,弹出"百叶窗设置"对话框,将"带数量"设置为25,单击"确定"按钮,效果如图6-83所示。用相同的方法设置V3和V4入点处的"百叶窗",将"带数量"设置为25,效果如图6-84所示。

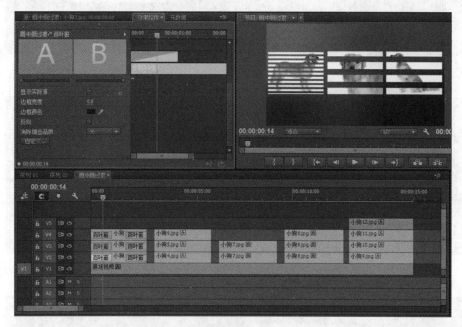

图6-83 设置"百叶窗"属性效果

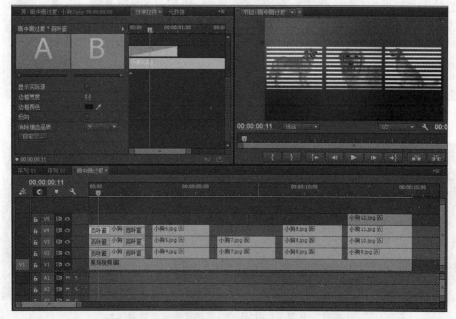

图6-84 设置V3和V4入点处的"百叶窗"属性

（16）在效果控件面板中展开"视频过渡"效果，选择"滑动"中的"推"，将其拖至时间序列"画中画过渡"的视频轨道 V2、V3、V4 的入点和出点处，选中 V2 中的出点处"推"，在效果控件面板中，设置方向"自西向北"，如图 6-85 所示。用相同的方法设置 V3 中的出点处"推"，方向设置"自北向南"；V4 中的出点处"推"的方向设置"自南向北"，效果如图 6-86 所示。

图 6-85　设置"小狗 4.jpg"素材出点处的推方向

图 6-86　设置"小狗 5.jpg""小狗 6.jpg"素材出点处的推方向

（17）在效果控件面板中展开"视频过渡"，选择"滑动"中的"中心合并"，将其拖至"画中画过渡"序列中视频轨道 V2、V3 的入点和出点处，如图 6-87 所示，选中 V2 中的出点处"中心合并"，在效果控件面板中，选中"反向"，如图 6-88 所示。用相同的方法设置 V3 中的出点处"中心合并"。

图 6-87　将过渡效果"滑动"添加至"小狗 7.jpg"素材的入点和出点处

图 6-88　设置 V2 上的"小狗 7.jpg"素材出点处的推方向

（18）在效果控件面板中展开"视频过渡"，选择"3D 运动"中的"摆入"，将其拖至时间序列"画中画过渡"的视频轨道 V2、V3、V4 的入点和出点处。选中 V2 中的入点处"摆入"，在效果控件面板中，方向设置为"自西向东"；用相同的方法设置 V3 中的出点处"摆入"，方向设置为"自北向南"；用相同的方法设置 V4 中的出点处"摆入"，方向设置为"自东向西"，效果如图 6-89 所示。

图 6-89 设置"小狗 8.jpg"素材出点处的摆入方向

（19）在效果控件面板中展开"视频过渡"，选择"3D 运动"中的"帘式"，将其拖至时间序列"画中画过渡"的视频轨道 V2、V3、V4 和 V5 的入点和出点处，如图 6-90 所示。选中 V2 中的入点处"帘式"，在效果控件面板中，选中"反向"，如图 6-91 所示；用相同的方法设置 V3、V4、V5 中的出点处"帘式"，选中"反向"，效果如图 6-92 所示。

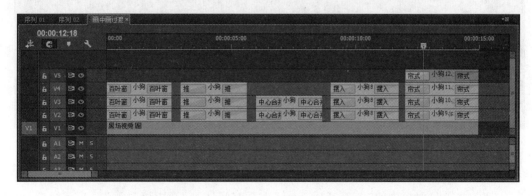

图 6-90 将过渡效果"帘式"添加至 V2、V3、V4 和 V5 上的"小狗 9.jpg"
至"小狗 12.jpg"素材的入点和出点处

图 6-91　设置"小狗 9.jpg"素材的"帘式"过渡效果属性

图 6-92　设置"小狗 9.jpg""小狗 10.jpg""小狗 11.jpg""小狗 12.jpg"
素材的"帘式"过渡效果属性

（20）将项目面板中的"节奏音乐.wav"拖至时间序列"画中画过渡"的音频轨道 A1
开始处，如图 6-93 所示。

（21）小狗画中画视频制作完成。

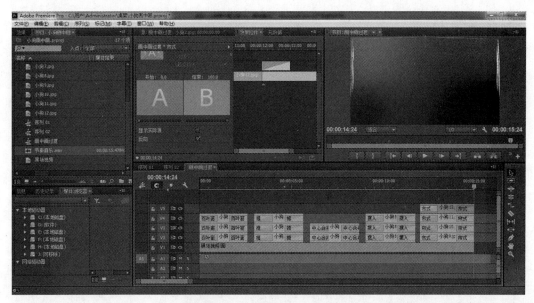

图 6-93 添加音乐至 A1 中

6.7 习题

（1）在 Premiere Pro CC 中什么是视频过渡？什么是视频效果？两者有何区别？

（2）在一段素材上已经设置好了关键帧和视频效果，另外几段素材也要和前一段素材设置一样，该如何操作比较便捷？

（3）自行找素材练习视频过渡和视频效果。

字幕的创建与设置

本章学习内容

1. 字幕工具；

2. 创建字幕；

3. 对象对齐；

4. 插入图形；

5. 创建运动字幕；

6. 任务实现。

本章学习目标

1. 掌握字幕设计器面板的组成；

2. 熟练掌握字幕创建的方法和字幕属性的设计；

3. 掌握字幕设计器中工具的应用；

4. 理解、领会布局面板中的各对齐功能；

5. 掌握滚动字幕的创建及属性设置。

在 Premiere Pro CC 中提供了一种专门用来创建及编辑文字的环境，称为字幕设计器。字幕是视频制作的重要组成部分之一。本章主要介绍字幕的创建及保存、字幕面板的各项功能与使用方法，使用户能熟练掌握 Premiere Pro CC 的使用方法。

7.1 字幕设计器面板

在 Premiere Pro CC 中所有的文本都是在字幕设计器中创建的。字幕设计器面板如图 7-1 所示。当需要创建文字时，首先需要在字幕设计器面板中创建一个字幕文件，在该字幕设计器面板中输入需要的文字内容，然后对文字内容设置所需要的各种属性、艺术效果等。

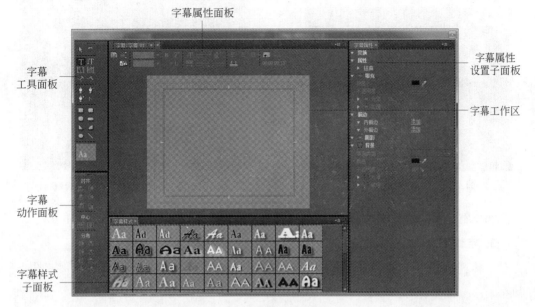

图 7-1 字幕设计器面板

Premiere Pro CC 中的字幕设计器面板主要由字幕属性面板、字幕工作区、字幕工具面板、字幕动作面板、字幕样式子面板和字幕属性设置子面板六个部分组成。

7.1.1 字幕属性面板

字幕属性面板主要用于设置字幕的运动类型、字体样式、字体格式、对齐方式、字幕模板等，如图 7-2 所示。

图 7-2 字幕属性面板

1. 基于当前字幕新建字幕

基于当前字幕新建字幕按钮▣：单击此按钮，弹出如图 7-3 所示"新建字幕"对话框，在该对话框中可以设置视频的宽度、高度、时基、像素比，还可以对字幕文件重新命名。

2. 滚动/游动选项

滚动/游动选项按钮▤：单击此按钮，弹出如图 7-4 所示对话框，在该对话框中可以设置字幕类型和定时(帧)。

定时(帧)选项介绍如下。

(1) 预卷：指以停止多久开始滚动字幕。

(2) 缓入：指以多长慢慢进入字幕工作区。

(3) 缓出：指以多长慢慢退出字幕工作区。

(4) 过卷：指以多久停止字幕滚动。

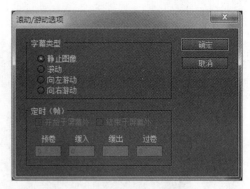

图7-3 "新建字幕"对话框   图7-4 "滚动/游动选项"对话框

当字幕类型为静止图像时,定时(帧)为不可操作状态。

3. 字体列表

字体列表下拉列表框 Adobe... ▼ :可以在该下拉列表框中选择字体类型,如图 7-5 所示。

4. 字体样式

字体样式下拉列表框 Regular ▼ :可以在该下拉列表框中选择字体的形状,如图 7-6 所示。

图7-5 字体样式下拉列表框   图7-6 字体样式下拉列表框

5. 粗体

粗体按钮 B :单击此按钮,可以使当前选中的文字加粗。

6. 斜体

斜体按钮 T :单击此按钮,可以使当前选中的文字倾斜。

7. 下划线

下划线按钮 U :单击此按钮,可以给当前选中的文字添加下划线。

8. 大小

大小文本框：单击此文本框，可以用于对当前选中的文字输入字号的大小。

9. 字偶间距

字偶间距：单击此文本框，可以用于对当前选中的文字在光标起始和终止的位置上进行调整。

10. 行距

行距：单击此文本框，可以用于设置行与行之间的距离。

11. 左对齐

左对齐按钮：单击此按钮，将所选对象设置为左边对齐。

12. 居中

居中按钮：单击此按钮，将所选对象设置为居中对齐。

13. 右对齐

右对齐按钮：单击此按钮，将所选对象设置为右边对齐。

14. 制表位符设置

制表位符设置按钮：单击此按钮，弹出制表位窗口，如图 7-7 所示。

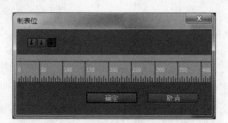

图 7-7 制表位窗口

制表位窗口中的按钮介绍如下。

（1）左对齐制表位按钮：字符的最左侧都在此处对齐。

（2）居中制表位按钮：字符一分为二，字符串的中间位置就是这个制表位的位置。

（3）右对齐制表位按钮：字符的最右侧都在此处对齐。

15. 显示背景视频

显示背景视频按钮：用于是否显示背景视频信息，如图 7-8 所示。

16. 背景视频时间码

背景视频时间码文本框 00:00:00:00：用于移动背景视频当前时间播放针，以改变背景显示的画面。

7.1.2 字幕工作区

字幕工作区是显示编辑字幕的场所，它位于字幕面板的中心，如图 7-9 所示，在此工作区中有两个白色的矩形线框,其中内线框是字幕安全框,外线框是字幕动作安全框。如果文字或图片放置于安全框外,在一些 NTSC 制式的电视中超出安全框的部分不会被显示出来,即使能够被显示出来,也很可能会出现变形或模糊不清的现象。因此,在创建或编辑对象时应将其放置于安全框内。

图 7-8　单击显示背景视频按钮前后效果

图 7-9　字幕工作区

7.1.3 字幕工具面板

字幕工具面板提供了一些制作文字和画图形的常用工具,如图 7-10 所示。利用这些工具可以在字幕工作区中创建文字和绘制图形等。

(1)选择工具 : 用于选择某个对象或文字。当选中某个对象后,在对象的周围会出现带有 8 个控制手柄的矩形,拖动手柄可以调整对象的大小和位置。

(2)旋转工具 : 用于对选中的对象进行旋转操作。使用旋转工具时,必须先用选择工具选中,然后使用旋转工具,按住鼠标左键不放即可任意旋转对象。

(3)文字工具 : 使用该工具,在字幕工作区中单击会出现文字输入光标,在光标闪烁的位置可以输入文字。另外,使用该文字也可以对输入的文字进行修改编辑。

图 7-10 字幕工具面板

(4)垂直文字工具 : 使用该工具,可以在字幕工作区中输入垂直文字。

(5)区域文字工具 : 使用该工具,可以在字幕工作区域内拖出一个文本框,然后在此文本框中输入文字。

(6)垂直区域文字工具 : 使用该工具,可以在字幕工作区中拖出一个垂直文本框,然后在此文本框中输入文字。

(7)路径文字工具 : 使用该工具,可先绘制一条路径,然后在该路径上输入文字,且输入的文字沿着路径方向,如图 7-11 所示。

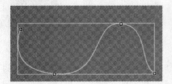

图 7-11 使用路径文字工具

(8)垂直路径文字工具 : 使用该工具,可先绘制一条垂直路径,然后在该路径上输入文字,且输入的文字会随着垂直路径上的锚点变化也发生位置变化,如图 7-12 所示。

图 7-12 使用垂直路径文字工具

（9）钢笔工具 ：用于创建路径或调整使用平行或垂直路径工具所输入文字的路径。将钢笔工具置于路径的锚点或手柄上，可以调整锚点的位置和路径的形状。

（10）添加锚点工具 ：用于在已创建的路径上添加锚点。

（11）删除锚点工具 ：用于在已创建的路径上删除锚点。

（12）转换锚点工具 ：用于调整路径的形状，将平滑锚点转换为角锚点，或将角锚点转换为平滑锚点。

（13）矩形工具 ：使用此工具，可以绘制矩形图形。

（14）圆角矩形工具 ：使用此工具，可以绘制圆角矩形图形。

（15）切角矩形工具 ：使用此工具，可以绘制切角矩形图形。

（16）圆角工具 ：使用此工具，可以绘制圆角图形。

（17）楔形工具 ：使用此工具，可以绘制三角形图形。

（18）弧形工具 ：使用此工具：可以绘制圆弧图形，即扇形图形。

（19）椭圆工具 ：使用此工具，可以绘制椭圆图形。

（20）直线工具 ：使用此工具，可以绘制直线。

在绘制图形时，可以结合 Shift 键来使用。例如，需要画正圆图形时，先选中圆角工具，然后按住 Shift 键不放，在字幕工作区中即可画出正圆角图形。

图 7-13 所示为使用各种图形工具所画出的图形。

当在字幕工作区中绘制出某个图形时，可以在该图形上右击弹出快捷菜单，如图 7-14 所示，选择图形类型菜单中的相应图形命令，即可进行图形之间的转换。

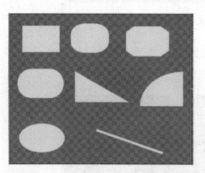

图 7-13　各种图形工具所画出的图形

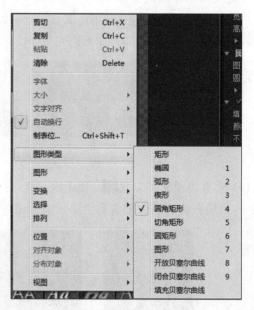

图 7-14　右击弹出快捷菜单

7.1.4　字幕动作面板

在字幕工作区中，对于两个或以上对象存在排列画面问题时，可以用选择工具拖曳对象排列画面,也可以使用对齐和排列按钮功能来实现。图 7-15 所示为字幕对齐与排列栏的按钮。

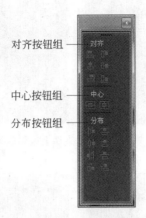

对齐按钮组
中心按钮组
分布按钮组

图 7-15　对齐与排列栏按钮

对齐按钮组用于至少两个对象的排列;中心按钮组用于一个对象的排列;分布按钮组用于至少三个对象的排列。

1. 对齐按钮组

在使用对齐按钮组时,要先选择至少两个对象。可以先用选择工具选中一个对象后,按住 Shift 键不放,再选择其余对象;也可以用鼠标框选所要选择的对象。

(1)水平靠左按钮█:对所有选中的对象以最左端的对象为基准对齐,如图 7-16 所示。

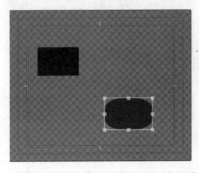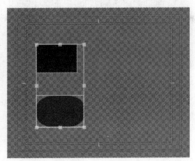

图 7-16　应用水平靠左按钮效果

(2)垂直靠上按钮█:对所有选中的对象以最上端的对象为基准对齐,如图 7-17 所示。

(3)水平居中按钮█:对所有选中的对象以水平中心为基准对齐,如图 7-18 所示。

(4)垂直居中按钮█:对所有选中的对象以垂直中心为基准对齐,如图 7-19 所示。

(5)水平靠右按钮█:对所有选中的对象以最右端的对象为基准对齐,如图 7-20 所示。

图 7-17　应用垂直靠上按钮效果

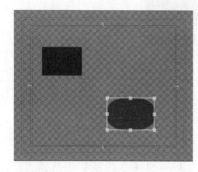

图 7-18　应用水平居中按钮效果

图 7-19　应用垂直居中按钮效果

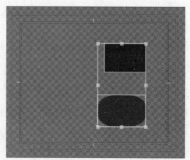

图 7-20　应用水平靠右按钮效果

（6）垂直靠下按钮 ：对所有选中的对象以最下端的对象为基准对齐，如图 7-21 所示。

图 7-21　应用垂直靠下按钮效果

2. 中心按钮组

中心按钮组，对于所选中的对象作为整体移动，不改变对象之间的相对位置关系。

（1）垂直居中按钮 ：对于所选中的对象以屏幕中心为纵向基准对齐，如图 7-22 所示。

图 7-22　应用垂直居中按钮效果

（2）水平居中按钮 ：对于所选中的对象以屏幕中心为横向基准对齐，如图 7-23 所示。

图 7-23　应用水平居中按钮效果

3. 分布按钮组

分布按钮组,需要至少选中三个对象。

(1) 水平靠左按钮 : 对于所有选中对象,相邻对象间左端以等距离分布,如图7-24所示。

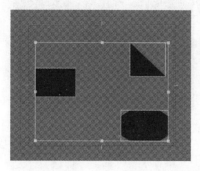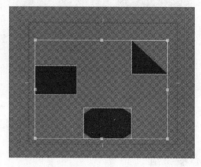

图7-24　应用水平靠左按钮效果

(2) 垂直靠上按钮 : 对于所有选中对象,相邻对象间顶端以等距离分布,如图7-25所示。

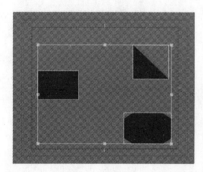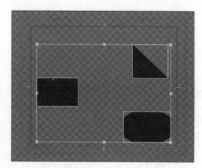

图7-25　应用垂直靠上按钮效果

(3) 水平居中按钮 : 对于所有选中对象,相邻对象在横向上中心线间以等距离分布,如图7-26所示。

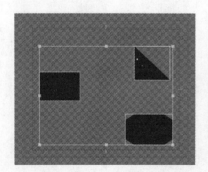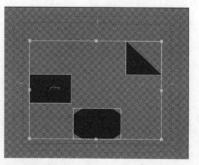

图7-26　应用水平居中按钮效果

（4）垂直居中按钮 ：对于所有选中对象，相邻对象在纵向上中心线间以等距离分布，如图 7-27 所示。

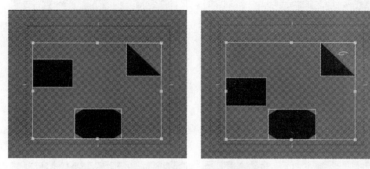

图 7-27 应用垂直居中按钮效果

（5）水平靠右按钮 ：对于所有选中对象，相邻对象间以右端等距离分布，如图 7-28 所示。

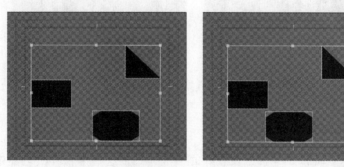

图 7-28 应用水平靠左按钮效果

（6）垂直靠下按钮 ：对于所有选中对象，相邻对象间底端以等距离分布，如图 7-29 所示。

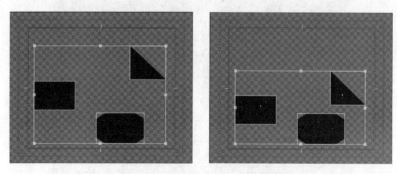

图 7-29 应用垂直靠下按钮效果

（7）水平等距间隔按钮 ：对于所有选中对象，相邻对象间在横向上等距离分布，如图 7-30 所示。

（8）垂直等距间隔按钮 ：对于所有选中对象，相邻对象间在纵向上等距离分布，如图 7-31 所示。

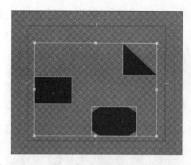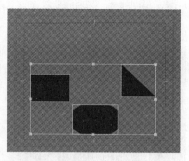

图 7-30 应用水平等距间隔按钮效果

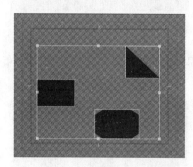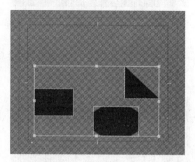

图 7-31 应用垂直等距间隔按钮效果

7.1.5 字幕样式子面板

Premiere Pro CC 提供了一种已设置好的字幕样式。这些字幕样式已经定义好了字幕的属性，如字体大小、字体颜色等，用户可以选择直接使用，如图 7-32 所示；字幕样式子面板位于字幕面板下方。

![字幕样式子面板]

图 7-32 字幕样式子面板

　　如果要为某个对象应用字幕样式子面板中的样式,则需先选择对象,然后直接将光标移到字幕样式子面板中所要的样式上单击即可,如图7-33所示。

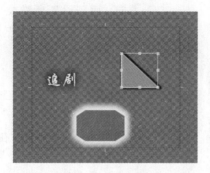

图7-33　应用字幕样式子面板中的样式

7.1.6　字幕属性设置子面板

　　在字幕工作区中输入文字后,可在工作区右侧的字幕属性设置子面板中设置文字的具体属性值,如图7-34所示。

　　字幕属性设置子面板主要由变换、属性、填充、描边、阴影和背景六个选项组组成,下面对各选项组的部分属性进行介绍。

1. 变换

　　变换选项组属性如图7-35所示。

图7-34　字幕属性设置子面板　　　　图7-35　变换选项组

　　(1) 不透明度:用于设置对象的不透明状态,同时影响字符的填充、阴影和边缘。

　　(2) X位置:设置对象的横坐标。

　　(3) Y位置:设置对象的纵坐标。

　　(4) 宽度:设置对象的宽度,单位为像素。

　　(5) 旋转:用于设置对象的旋转角度。

2. 属性

　　属性选项组属性如图7-36所示。

　　(1) 字体系列:用于设置字体。

　　(2) 字体样式:用于设置字形,字形包括Bold(粗体)、Bold Italic(粗体加斜体)、Italic

（斜体）、Regular(常规体)、Semibold(半粗体)和 Semibold Italic(半粗体加斜体)。

图 7-36　属性选项组属性

（3）字体大小：用于设置字号大小。

（4）方向：用于设置所选文字的水平缩放比例。若其值小于 100％,则文本将变窄;若其值大于 100％,则文本将变宽。

（5）行距：用于设置文字行与行之间的距离。

（6）字偶间距：用于设置在文字行之间添加或去除的距离。

（7）字符间距：用于设置在文字区域中字符之间的距离。

（8）基线位移：用于设置字符与基线之间的距离,常用于创建上标或下标。

（9）倾斜：用于设置文字的倾斜度。

（10）小型大写字母：用于将所选中的小写字母转换为大写字母。

（11）小型大写字母大小：只用于设定小写字母转换为大写字母的大小,即只有在小型大写字母被选中时才有效。

（12）下划线：用于设置文字带有下划线。

（13）扭曲：用于设置文字在 X 轴或 Y 轴产生变形。

3. 填充

填充选项组属性如图 7-37 所示。

（1）填充类型：用于设置对文字填充的样式,可选择类型有实底、线性渐变、径向渐变、四色渐变、斜面、消除和重影。

（2）颜色：用于设置文字填充的颜色。

（3）光泽：用于设置文字被填充后,文字中间出现不同的颜色效果。

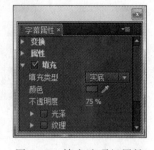

图 7-37　填充选项组属性

（4）纹理：用于设置文字的纹理效果。

4. 描边

描边选项组属性如图 7-38 所示。

（1）内描边：用于设置文字或图形对象的内部边缘效果。

（2）外描边：用于设置文字或图形对象的外部边缘效果。

5. 阴影

阴影选项组属性如图 7-39 所示。

（1）颜色：用于设置对象的阴影颜色。

（2）不透明度：用于设置对象阴影的不透明度。

（3）角度：用于设置对象阴影的投放角度。

（4）距离：用于设置对象阴影与对象的距离。

（5）大小：用于设置对象阴影的大小。

（6）扩展：用于设置对象阴影的模糊程度。

6. 背景

背景选项组属性如图 7-40 所示。

图 7-38　描边选项组属性　　　图 7-39　阴影选项组属性　　　图 7-40　背景选项组属性

背景选项组属性用于设置字幕的背景色及背景色的各种属性。背景选项组中的各属性和上面所介绍的选项组中属性类似，这里不再展开介绍。

7.2　创建字幕

1. 输入文本

在字幕编辑面板中，提供了三组文字输入工具，分别为文字工具、区域文字工具和路径文字工具。

（1）文字工具：可以使用横向文字工具或垂直文字工具在字幕工作区中输入文字。例如，在字幕工作区中使用横向文字工具输入"创新、创业、创意"文字，首先选择横向文字工具，然后将光标移到字幕工作区中要输入文字的位置单击即可输入，如图 7-41 所示。当在输入的过程中要换行时，直接按 Enter 键，然后继续输入文字；当输入文字完毕时，选择选择工具，在输入文字区外单击即可结束输入。

（2）区域文字工具：可以使用横向区域文字工具或垂直区域文字工具在字幕工作区中输入文字。例如，在字幕工作区中使用垂直区域文字工具输入"有定力、有毅力、有决心"文字，首先选择垂直区域文字工具，然后将光标移到字幕工作区中要输入文字的位置按住鼠标左键不放拖出一个区域框即可输入，如图 7-42 所示。当在输入的过程中要换行时，直接按 Enter 键，然后继续输入文字；当输入文字完毕时，选择选择工具，在输入文字区外单击即可结束输入。

（3）路径文字工具：可以使用横向路径文字工具或垂直路径文字工具在字幕工作区中输入文字。使用路径文字工具输入文字，首选是先创建一条路径，然后在该路径上输入文字。例如，在字幕工作区中使用横向路径文字工具输入"学习是为了自己有更大的见识"文字，首先选择横向路径文字工具，然后将光标移到字幕工作区中要输入文字的起始

图 7-41　使用横向文字工具输入

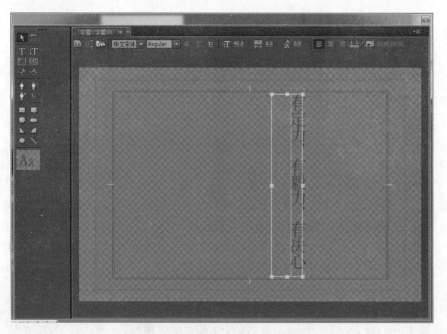

图 7-42　使用垂直区域文字工具输入

位置单击创建第一个点,然后将光标移到其他位置按住鼠标左键不放创建第二个点,同时拖到可以调整两点之间的曲线弧度的位置,如图 7-43 所示,用相同的方法创建出如图 7-44 所示路径效果,然后按 Esc 键结束创建路径,将光标移到路径区内双击,光标在第一个创建点上闪烁即可输入文字,如图 7-45 所示。

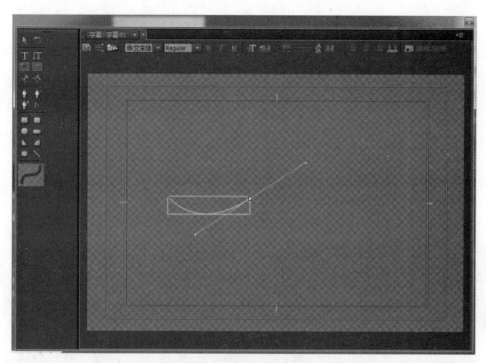

图 7-43　创建两点间的曲线

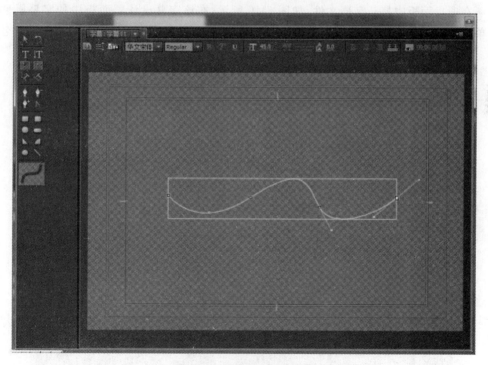

图 7-44　创建四点间的曲线

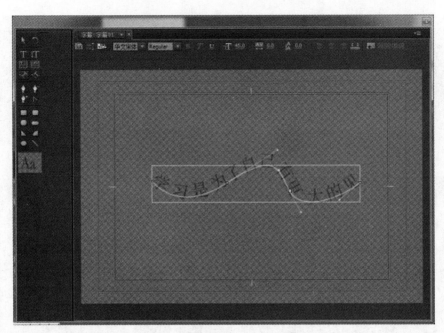

图 7-45　使用横向路径文字工具输入

2. 基于当前字幕创建字幕文件

在项目面板中打开字幕文件,如图 7-46 所示,在该字幕设计器面板中的字幕属性栏上单击"基于当前字幕创建字幕文件"按钮,弹出"新建字幕"对话框,在该对话框中的名称

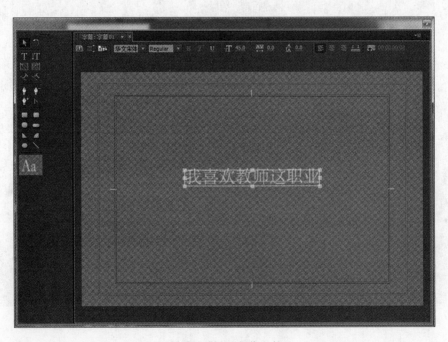

图 7-46　打开字幕文件

文本框中输入"字幕02",如图7-47所示,单击"确定"按钮,返回新建的字幕工作区中,如图7-48所示。选择文字工具按钮,在字幕工作区中,单击要输入文字的位置即可输入,例如输入"我很热爱这份职业",如图7-49所示。

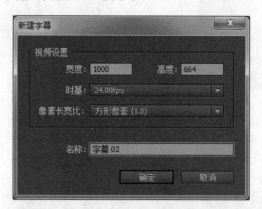

图 7-47　输入名称"字幕02"

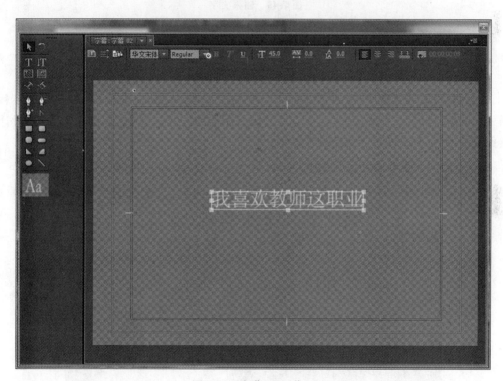

图 7-48　字幕02工作区

当要关闭字幕设计面板时,只要将光标移到该面板的右上角关闭按钮上,单击即可关闭。

基于当前字幕创建字幕文件,目的是利用已经创建好的字幕来创建新的字幕,使新创建的字幕与当前字幕的属性一致,从而可以提高编辑效率。

图 7-49　输入文字

7.3　插入图形

在视频编辑的过程中,有时需要插入一些图形。在 Premiere Pro CC 中提供了一种插入功能。Premiere Pro CC 中主要有两种插入图形的方法,一种是将图形插入字幕设计器面板中,另一种是图形插入字幕文本中。

1. 图形插入字幕设计器面板中

在字幕设计器面板中,右击弹出快捷菜单,选择"图形"|"插入图形"命令,如图 7-50

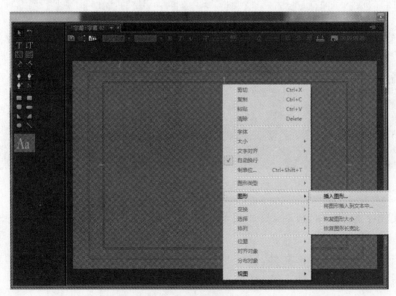

图 7-50　选择"插入图形"命令

所示,弹出"导入图形"对话框,选择需要的图形,如图7-51所示,单击"打开"按钮,图形导入字幕设计器面板中,如图7-52所示。

图7-51 选择图形

图7-52 导入图形

2. 将图形插入字幕文本中

选择"文字输入"工具,在字幕设计器面板中输入"宝马汽车",如图7-53所示,将光标移到"宝马汽车"的"宝"左侧,右击弹出快捷菜单,选择"图形"|"将图形插入到文本中"命令,如图7-54所示,弹出"导入图形"对话框,选择需要的图形,如图7-55所示,单击"打开"按钮,图形导入字幕设计器面板的文本中,如图7-56所示。

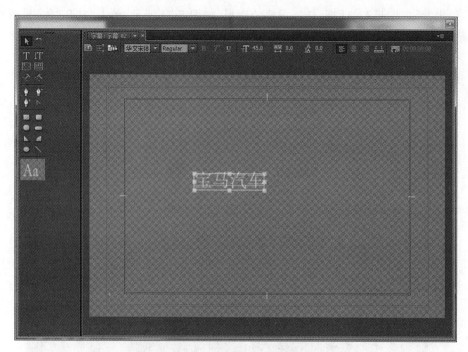

图 7-53　输入"宝马汽车"

图 7-54　选择"将图形插入文本中"命令

图 7-55 选择导入的图形

图 7-56 将图形导入文本中

7.4 创建运动字幕

在看电影或电视时,经常会看到影片的片头和片尾都有滚动的文字,或影片中出现人物对白的文字。这些文字的动态效果可以在 Premiere Pro CC 中轻松地实现。在 Premiere Pro CC 中提供了水平滚动字幕(也称为游动字幕)和垂直滚动字幕(也称为滚动字幕)。

1. 创建游动字幕

首先在项目面板中新建一个字幕文件并打开,在字幕设计器面板中输入文字"你的美是来自于你的格局",如图 7-57 所示,然后在字幕设计器面板的字幕属性栏中,单击"滚动/游动选项"按钮,弹出"滚动/游动选项"对话框,选择字幕类型为"向左游动",定时(帧)选中"开始于屏幕外""结束于屏幕外",如图 7-58 所示,单击"确定"按钮,返回字幕设计器工作区中。单击字幕设计器右上角关闭按钮即关闭该字幕设计器,同时自动保存创建的字幕游动文件,返回项目面板中。在项目面板中将刚创建的字幕文件拖至时间序列视频轨道中进行播放,查看字幕游动效果,如图 7-59 所示。

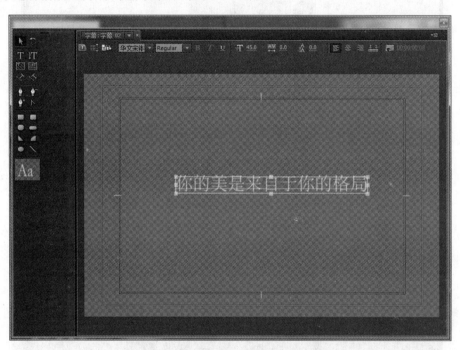

图 7-57　在字幕设计器面板中输入文字

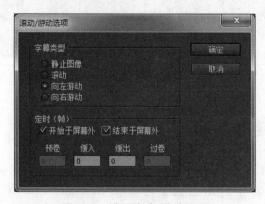

图 7-58　设置滚动/游动选项

图 7-59 查看字幕游动效果

2. 创建滚动字幕

首先在项目面板中新建一个字幕文件并打开,在字幕设计器面板中输入文字"你的美是来自于你的格局,你的努力来自于你的视野,你的追求来自于你的梦想,你的本领是来自你的努力",如图 7-60 所示,然后在字幕设计器面板的字幕属性栏中,单击"滚动/游动选项"按钮,弹出"滚动/游动选项"对话框,选择字幕类型为"滚动",定时(帧)选中"开始于屏幕外""结束于屏幕外",如图 7-61 所示,单击"确定"按钮,返回字幕设计器工作区中。单击字幕设计器右上角关闭按钮即关闭该字幕设计器,同时自动保存创建的字幕滚动文件,返回项目面板中。在项目面板中将刚创建的字幕文件拖至时间序列视频轨道中进行播放,查看字幕游动效果,如图 7-62 所示。

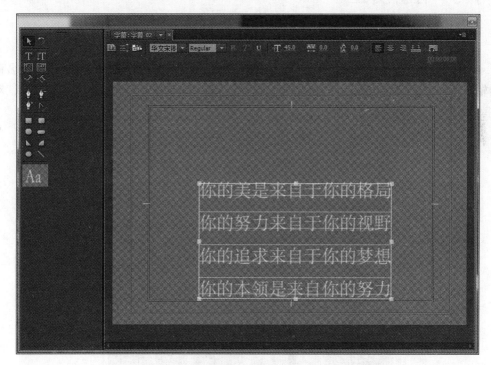

图 7-60 输入文字

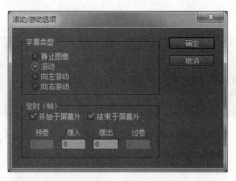

图 7-61　设置字幕类型为滚动

图 7-62　查看字幕滚动效果

7.5　任务实现

7.5.1　卷轴字幕

（1）启动 Premiere Pro CC 软件，单击"新建项目"，弹出"新建项目"对话框，输入名称"卷轴字幕"，单击"确定"按钮，进入软件工作界面，按 Ctrl+N 组合键，弹出"新建序列"对话框，如图 7-63 所示，单击"确定"按钮，进入如图 7-64 所示界面。

图 7-63　"新建序列"对话框

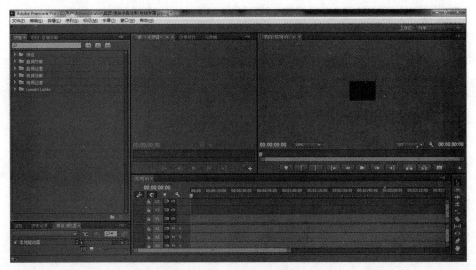

图 7-64 新建序列后的主界面

（2）在菜单中选择"文件"|"新建"|"颜色遮罩"命令，打开"颜色遮罩"对话框，单击"确定"按钮，打开"拾色器"对话框，在该对话框中选择 RGB(232,232,58)，如图 7-65 所示，单击"确定"按钮，打开"选择名称"对话框，在文本框中输入名称"底色"，单击"确定"按钮，如图 7-66 所示。

图 7-65 "拾色器"对话框

（3）在项目面板中选择"底色"，将其拖到时间序列的视频轨道 V1 中，如图 7-67 所示。

（4）按 Ctrl＋T 组合键，弹出"新建字幕"对话框，在该对话框的"名称"文本框中输入"文字"，单击"确定"按钮，进入字幕设计器面板中，如图 7-68 所示。

（5）在字幕设计器面板中右击，从弹出的快捷菜单中选择"图形"|"插入图形"命令，打开"导入图像"对话框，选择"图像 2.jpg"文件，单击"打开"按钮，将所选的图像插入字幕设计器面板中。

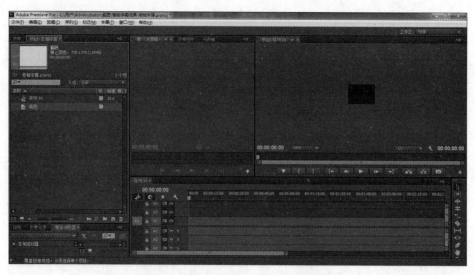

图 7-66　将底色遮罩添加至项目面板中

图 7-67　将底色拖到视频轨道 V1 中

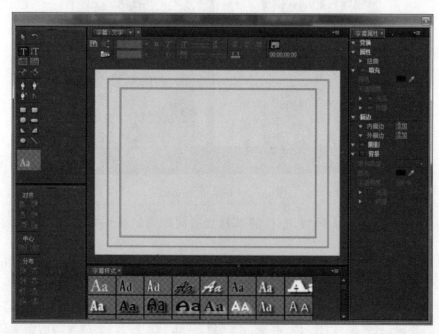

图 7-68　字幕设计器面板

（6）选中插入的图像，在字幕属性设置子面板中，展开"变换"，设置 X 位置为 396.9，Y 位置为 289.4，宽度为 713.9，高度为 523.5，如图 7-69 所示。

图 7-69　设置素材的属性

（7）选择垂直文本工具，在字幕设计器中输入"向晚意不造，驱车登古源，夕阳无限好，只是近黄昏"文字，设置字体为"华文行楷"，字体大小为 70，行距为 65，字符间距为 15，如图 7-70 所示。

图 7-70　输入文字并设置属性

（8）选中输入的文字，在"字幕属性"中展开填充选项，设置填充类型为实底，单击"颜色"右侧的颜色框██，在弹出的"拾色器"对话框中选择 RGB(194,243,24)，单击"确定"按钮，如图 7-71 所示。

图 7-71　填充颜色效果

（9）选中输入的文字，在"字幕属性"栏中展开"描边"选项，单击"外描边"右侧的"添加"字样，展开该选项，设置"填充类型"为实底，色彩为黑色，设置类型为边缘，大小为 25；选中阴影选项，如图 7-72 所示，关闭字幕设计器面板，返回 Premiere Pro CC 的工作界面。

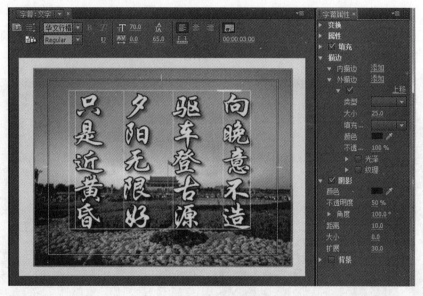

图 7-72　设置描边属性

（10）在项目面板中选择字幕文件"文字"，将其拖到时间序列的视频轨道 V2 中，如图 7-73 所示。在"效果"面板中展开"视频过渡"，选中"页面剥落"下的"卷走"，将其拖到视频轨道 V2 中的"文字"入点处，如图 7-74 所示。

（11）选中视频轨道 V1 和 V2 中的素材文件，右击弹出快捷菜单，选择"速度/持续时间"命令，弹出"剪辑速度/持续时间"对话框，设置持续时间为 00：00：04：00，单击"确定"按钮，如图 7-75 所示。

图 7-73 将文字拖到视频轨道 V2 中

图 7-74 将卷走拖到文字的入点处

图 7-75 设置持续时间效果

（12）选中视频轨道 V2 中的"卷走"过渡，在效果控件面板中设置"持续时间"为 00:00:03:00，选中"反向"选项，如图 7-76 所示。

图 7-76 设置"卷走"过渡效果属性

（13）在效果面板中展开"视频效果"，选中"调整"下的"光照效果"，将其拖到视频轨道 V2 中的"文字"上，如图 7-77 所示，在效果控件面板中，展开光照 1，选择光照类型为"点光源"，光照颜色为"白色"，中央为 450.2 和 335.1，主要半径为 52.5，次要半径为 26.2，角度为 211°，强度为 15.4，聚焦为 50，其余为默认设置，如图 7-78 所示。

图 7-77 应用光照效果

（14）卷轴字幕视频制作完成。

7.5.2 滚动天气预报

（1）启动 Premiere Pro CC 软件，单击"新建项目"，弹出"新建项目"对话框，输入名称

图 7-78 设置"光照效果"属性

"滚动天气预报",单击"确定"按钮,进入软件工作界面,按 Ctrl＋N 组合键,弹出"新建序列"对话框,单击"确定"按钮即可。

(2)选择"文件"|"导入"命令,弹出"导入"对话框,选择 01. tif 文件,单击"打开"按钮,文件被导入项目面板中,并将导入的 01. tif 素材文件拖至"序列 01"的视频轨道 V1 起始处,如图 7-79 所示。

图 7-79 将素材文件拖到视频轨道 V1 中

（3）按 Ctrl＋T 组合键，弹出"新建字幕"对话框，在该对话框的"名称"文本框中输入"文字"，单击"确定"按钮，进入字幕设计器面板中，如图 7-80 所示。

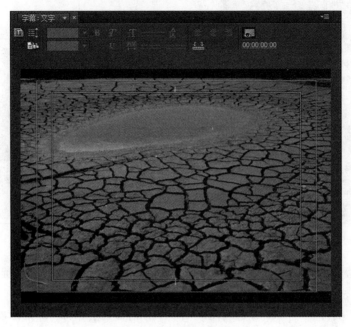

图 7-80　字幕设计器面板

（4）选择"文字"工具，在字幕设计器中输入"今天天气：晴　高温橙色预警：预计23 日白天我市部分乡镇最高气温可达 37 摄氏度～38 摄氏度，局部超过 39 摄氏度，请注意防范！"文字，设置字体为"华文隶书"，字体大小为 40，其余为默认设置，如图 7-81 所示。

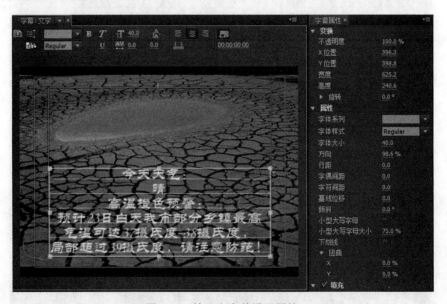

图 7-81　输入文字并设置属性

（5）在字幕设计器面板中，单击"滚动/游动选项"按钮，弹出"滚动/游动选项"对话框，在对话框中选择字幕类型为"滚动"，定时（帧）选中"开始于屏幕外"和"结束于屏幕外"，其余为默认设置，如图 7-82 所示，单击"确定"按钮，并关闭字幕设计器面板，返回项目工作界面中。

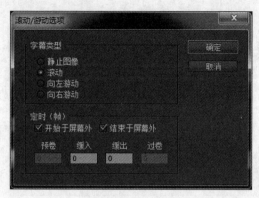

图 7-82　设置滚动/游动选项参数

（6）在项目面板中选择字幕文件"文字"，将其拖到"序列 01"的视频轨道 V2 中，如图 7-83 所示，选中视频轨道 V1 和 V2 中的素材，右击弹出快捷菜单，选择"速度/持续时间"命令，弹出"剪辑速度/持续时间"对话框，设置"持续时间"为 00:00:10:00，单击"确定"按钮，如图 7-84 所示。

图 7-83　将文字拖到视频轨道 V2 中

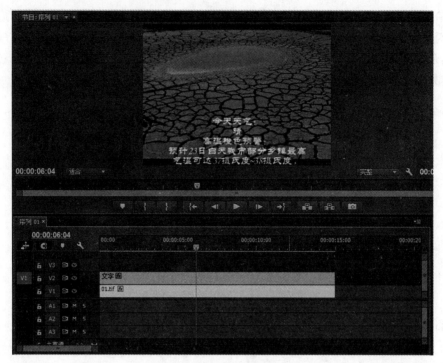

图 7-84　设置"持续时间"效果

（7）滚动天气预报视频制作完成。

7.6　习题

（1）字幕分为哪两种类型？动态字幕又分为哪两种类型？

（2）简述创建字幕的基本步骤。如果字幕已被添加到视频轨道中，而在字幕设计器中修改字幕中的内容，轨道上的字幕会不会自动更新？

（3）熟练理解字幕设计器中的六种面板，并掌握经常使用的属性设置。

（4）利用滚动字幕制作电影片尾的滚动字幕，内容包括策划、编导组、协调组、摄影人员、配单人员、技术人员、制片人和鸣谢等，背景素材自己制作。

音频编辑

本章学习内容

1. 音频的基础知识；

2. 音频编辑的基本操作；

3. 音频效果的应用；

4. 任务实现。

本章学习目标

1. 理解、领会音频相关的基本概念；

2. 掌握音频素材格式的转换、音频轨道类型的应用方法；

3. 掌握音频剪辑的基本操作；

4. 掌握音频与视频的链接与分离、音频的提取方法；

5. 掌握音频轨道和音频子混合轨道的添加与删除方法；

6. 掌握音轨混合器的声音录制方法。

在 Premiere Pro CC 中提供了对音频的处理功能，可以实现对音频素材的分割、移动、调整入点和出点、增加音频特效，还可以将音频素材与视频素材链接在一起，或者链接分离。音频是视频编辑的主要组合元素之一。因此，本章主要介绍音频剪辑与音频特效的应用，使用户能熟练掌握 Premiere Pro CC 音频编辑的方法。

8.1 音频的基础知识

在 Premiere Pro CC 中，音频是影片制作中不可缺少的组成部分，大部分的影片中都是视频和音频的合成。

8.1.1 音频的基本概念

1. 音量

音量是声音的重要属性之一，是指声音的强弱情况。

2. 音调

音调在音乐中也称为音高,音调的高低决定了声音频率的高低,频率越高,音调越高;频率越低,音调越低。

3. 音色

音色是由混入的基音决定的,泛音越高谐波越丰富,音色就越有明亮感。不同的谐波具有不同的幅值和相位偏移,因此可产生各种音色。

4. 噪声

噪声是指妨碍人们的正常休息、学习和工作的声音,以及对人们要听的声音产生干扰的声音。

5. 分贝

分贝是指声音音量的变化单位(dB)。

6. 静音

静音是指无声音。

7. 失真

失真是指录制声音之后产生的畸变。

8. 电平

电平又称为级别,在电子系统中对电压、电流等物理量强弱的通称。

9. 增益

增益是指音频信号的声调高低。

8.1.2 音频的主声道类型

在 Premiere Pro CC 中有 4 种类型的音频主声道,分别为立体声、5.1 声道、多声道和单声道。

1. 立体声

立体声包含左右两个声道。声音在录制的过程中,被分配到独立的两个声道,从而达到较好的声音定位效果。

2. 5.1 声道

5.1 声道包含 3 个前置声道(左置、中置和右置)、2 个后置声道(左环绕和右环绕)和低音效果通道。该通道应用在影院比较广泛。

3. 多声道

多声道是指播放声音时,音频设备设有多个独立的播放通道,可以把不同的声道的声音独立地播放出来。

4. 单声道

单声道只包含一个声音通道。当通过两个扬声器回放单声道时,可以明显感觉到声音是从两个音箱中传递到听众的耳朵里的。是较原始的声音复制形式。

8.1.3　音频轨道类型

在时间序列面板中,音频轨道有"标准""5.1""自适应"和"单声道"4 种,如图 8-1 所示。

1. 标准

图 8-1　音频轨道类型

标准声道可以同时放置单声道和立体声音频剪辑,是音轨的默认预设。

2. 5.1

5.1 声道包含 3 个前置声道(左置、中置和右置)、2 个后置声道(左环绕和右环绕)和低音效果通道。5.1 轨道只能包含 5.1 剪辑素材。

3. 自适应

自适应声道可包含单声道和立体声道。对于自适应音轨,可以将源音频映射至输出音频声道。常用于处理录制多个音轨的摄像机录制的音频。

4. 单声道

单声道只包含一个声音通道。当通过两个扬声器回放单声道时,可以明显感觉到声音是从两个音箱中传递到听众的耳朵里的。是较原始的声音复制形式。

在时间序列面板中,音频轨道可以是以上 4 种的任意组合,每个音频轨道可以对其内的音频素材进行任意编辑,但每一个轨道只能对应一种音频类型,每一种类型的音频也只能加入相同的类型的音频轨道中,同时音频轨道一旦创建后不能在修改其音频类型。

音频轨道按照用途可以分为 3 种,分别是主音轨轨道、子混合轨道和普通的音频轨道。其中主音轨轨道只有一条;而普通的音频轨道和子混合轨道可以有多条(最多 99 条),如图 8-2 所示。只有普通的音频轨道才可以添加音频素材;主音轨轨道用于对所有的音轨进行控制,输出的声音是所有音轨的混合组成结果;子混合轨道用于对部分音频轨道进行混合,输出的声音是部分轨道混合的组成结果。

图 8-2　主音轨轨道、子混合轨道和普通的音频轨道

8.1.4 音轨混合器

音轨混合器可以用来进行声音的控制、实时录音以及音频素材和音频轨道的分离。音轨混合器面板如图 8-3 所示。

图 8-3 音轨混合器

音轨混合器面板的各选项功能如下。

(1) 时间码 `00:00:00:00`：表示当前编辑线所在的位置。

(2) 轨道名称 A1 音频 1：轨道名称对应时间序列面板中的各个音频轨道。如果在时间序列面板中增加一条音频轨道，则音轨混合器面板中就会显示出增加的相应轨道名称，增加一条音频轨道的前后音轨混合器效果如图 8-4 所示。

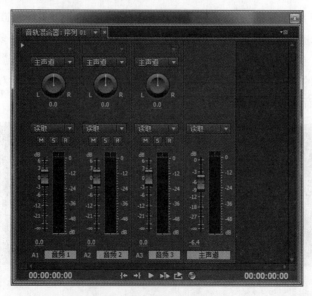

图 8-4 前后音轨混合器效果

图　8-4（续）

（3）自动模式 读取 ▼：自动模式包含关、读取、闭锁、触动和写入 5 种功能，如图 8-5 所示。

关：选择该命令，系统会忽略当前音频轨道上的调节，仅按默认设置播放。

读取：选择该命令，系统会读取当前音频上的调节效果，但不能记录调节的过程。

图 8-5　自动模式

闭锁：当使用自动书写功能实时播放记录调节数据时，每调节一次，下一次调节时调节滑块在上一次调节点之后的位置，当单击"停止"按钮播放音频后，当前调节滑块会自动转为音频对象在进行当前编辑前的参数值。

触动：当使用自动书写功能实时播放记录调节数据时，每调节一次，下一次调节时调节滑块初始位置会自动转为音频对象在进行当前编辑前的参数值。

写入：当使用自动书写功能实时播放记录调节数据时，每调节一次，下一次调节时调节滑块在上一次调节后的位置。在音轨混合器中激活需要调节轨自动记录状态时，一般选择"写入"即可。

（4）显示/隐藏效果和发送 显示/隐藏效果和发送：单击自动化选项左边的三维按钮，打开"显示/隐藏效果和发送"选项。在"效果选择区域"中用户可以加入各式各样的音频效果，如图 8-6 所示。在"发送任务选择"区域下可以选择音频混合的目标轨道，如图 8-7 所示。

（5）左/右声道平衡 ⊙：用于平衡左右声道，向左旋用于偏向左声道，向右旋则偏向右声道；也可以在按钮下面直接输入数值来控制左右声道的平衡（正数值偏向右声道，负数值偏向左声道）。

（6）静音轨道按钮 M：用于使该轨道静音。

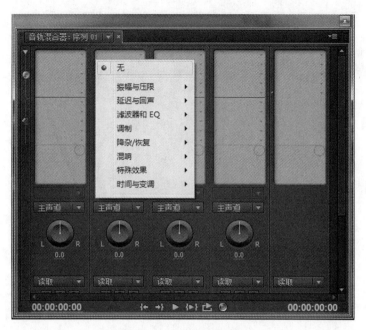

图 8-6 效果选择区域

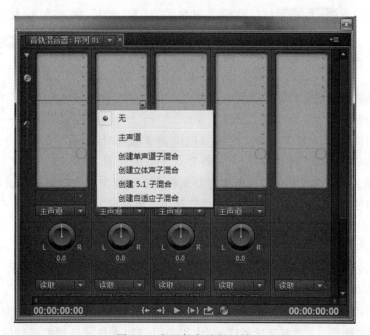

图 8-7 发送任务选择区域

（7）独奏轨道按钮 S：用于使其他轨道静音，只播放该轨道的声音。

（8）启用轨道以进行录制按钮 R：用于录制控制。当单击某一轨道中的"启动轨道以进行录制"按钮，单击"录制"按钮，即可进行录音，再次单击"录制"按钮，则停止声音录制，同时刚刚录制的音频文件会出现在已选定的音频轨道中和项目面板中。

提示：在应用录音时，应先在菜单中选择"编辑"|"首选项"|"音频硬件"选项，在"音频硬件"类别中，单击 ASIO 按钮，弹出"音频硬件设置"对话框，在该对话框中选择"输入"选项卡，选中"麦克风"复选框，然后在相应的音频轨道上即可开始录音。

（9）音量表和音量控制器■：音量表用于观看该轨道的声音大小；音量控制器用于调节各个轨道的音量，也可以直接输入数值来调节音量。

（10）输出模式███：用于表示输出到哪一个轨道进行混合，可以是主声道，也可以是子混合声道。

（11）███████：分别是跳转到入点、跳转到出点、播放/停止、播放入点到出点、循环和录制。

8.2　音频基本操作

在使用 Premiere Pro CC 进行音频处理时，需要掌握对音频的一些基本操作，如轨道的添加与删除、音频的链接等。

8.2.1　音频轨道的添加与删除

1. 音频轨道的添加

在时间序列面板中的空白处，右击，弹出快捷菜单，选择"添加轨道"命令，如图 8-8 所示，弹出"添加轨道"对话框，如图 8-9 所示。在此对话框中可以根据需要设置要添加的音频轨数、轨道类型、音频子混合轨道和轨道类型。例如，添加两条音频轨道放置于音频 1之后，轨道类型为自适应；添加一条子混合轨道，轨道类型为立体声。"添加轨道"对话框如图 8-10 所示，单击"确定"按钮，轨道添加到时间序列面板中，添加轨道的前后时间序列面板如图 8-11 所示。

图 8-8　选择"添加轨道"命令

2. 音频轨道的删除

在时间序列面板中将光标移到需要删除的音频轨道上右击弹出快捷菜单，选择"删除单个轨道"命令，如图 8-12 所示，当前轨道被删除，时间序列面板如图 8-13 所示。若要删除的音频轨道下面还有轨道，则下面的轨道自动向上移动且轨道名称也自动按顺序进行填补，如删除音频轨道 A2 后，A3 自动向上移动且名称自动改为 A2。

图 8-9　"添加轨道"对话框

图 8-10　设置完成后的"添加轨道"对话框

图 8-11　添加轨道的前后的时间序列面板

图 8-11(续)

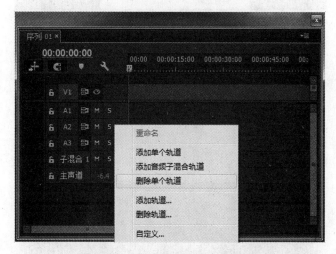

图 8-12 选择"删除单个轨道"命令

图 8-13 删除轨道后的时间序列面板

8.2.2 音频类型的转换

在上面所述中,一种类型的音频只可添加至与其类型相同的音频轨道中,而音频轨道一旦创建后便无法更改,因此在编辑音频过程中只能将音频素材的类型进行转换。

例如,将项目面板中的"倩女幽魂(国).mp3"转换为5.1声道。操作过程:将光标移到项目面板中的"倩女幽魂(国).mp3"上,右击弹出快捷菜单,选择"修改"|"音频声道"命令,如图8-14所示,弹出"修改剪辑"对话框,如图8-15所示,在该对话框中将"声道格式"设置为5.1,如图8-16所示,单击"确定"按钮,即可完成音频素材类型的转换。

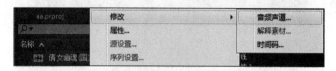

图 8-14　选择"音频声道"命令

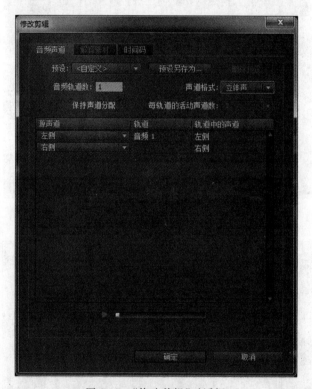

图 8-15　"修改剪辑"对话框

在项目面板中将转换为5.1声道的"倩女幽魂(国).mp3"素材分别拖到时间序列面板的音频轨道A1、A2和A3中,发现只有音频轨道A3才能放置转换后的素材,A1和A2都无法放置。这是因为A3轨道的类型是5.1轨道,而A1和A2不是,如图8-17所示。

其他音频素材类型间的转换也是可以的,操作方法和上面相同,这里不再展开阐述,请读者自行尝试。

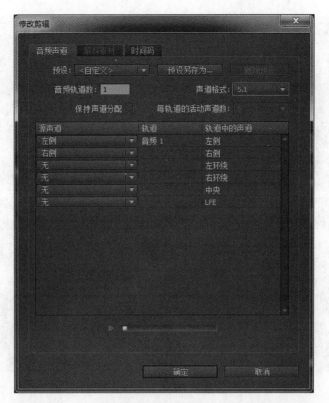

图 8-16　修改声道格式

图 8-17　"倩女幽魂(国).mp3"素材放置于 A3

8.2.3　音频素材在时间序列面板中的编辑

将项目面板中的音频素材放置到时间序列面板的音频轨道上,在工具面板中选择选择工具,将光标移到音频素材的入点处,按住鼠标左键不放,往右拖动,可以改变音频素材的入点位置,同理,将光标移到音频素材的出点处,按住鼠标左键不放,往左拖动,可以改变音频素材的出点位置。改变音频入点和出点的前后效果如图 8-18 所示。

注意:当入点和出点在拖动时超过音频本身的入点和出点长度时则无法拖动。

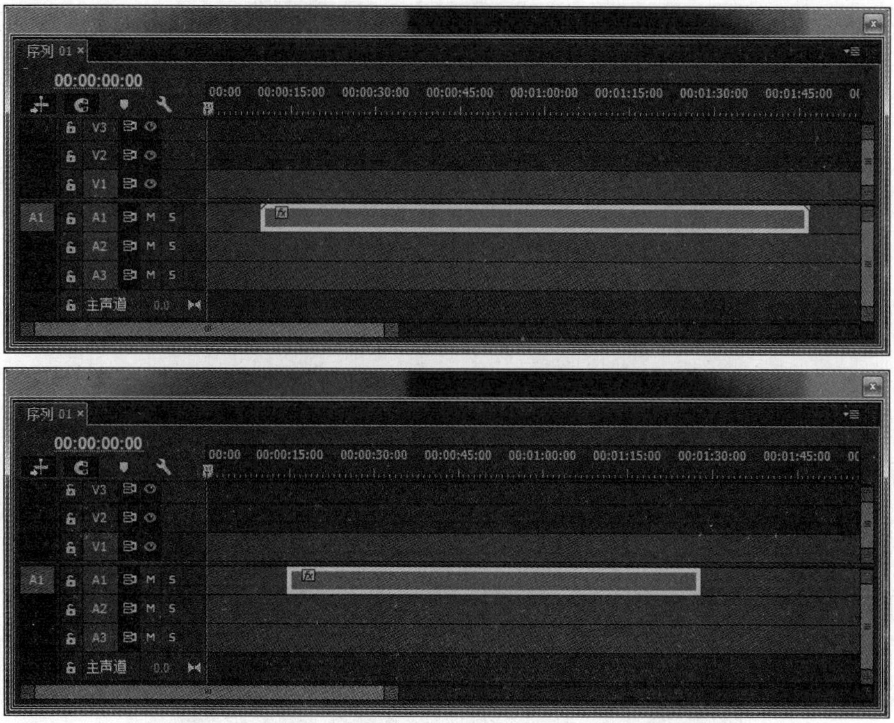

图 8-18　选择选择工具改变入点和出点位置

　　将光标移到音频素材所在的音频轨道中,按鼠标中间滚轮键,滚轮键往上滚即可展开音频波形,滚轮键往下滚即隐藏音频波形,如图 8-19 所示。若在音频中不显示名称、音频波形等,可以单击时间序列面板中的"时间轴显示设置"按钮 ,选择要显示的相应功能命令,如图 8-20 所示。

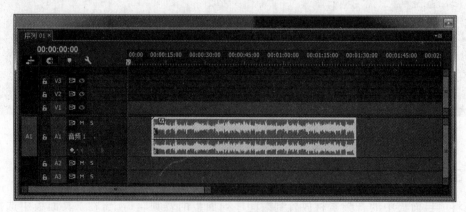

图 8-19　展开音频素材波形

　　在时间序列面板的右上角单击该功能按钮 ▼☰,弹出快捷菜单,如图 8-21 所示,可以改变音频时间单位、音频素材的波形图状等。如选择"调整的音频波形"命令,效果如图 8-22 所示。

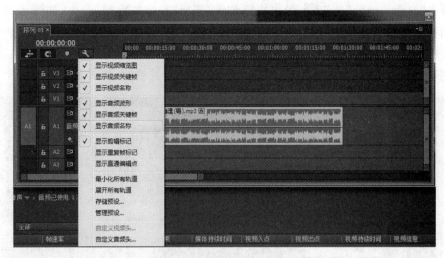

图 8-20　音频素材的显示设置

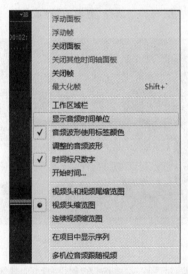

图 8-21　改变音频素材的时间单位、波形图状等

图 8-22　选择"调整的音频波形"命令

单击"显示关键帧"按钮◆,弹出快捷菜单,选择"剪辑关键帧"命令,如图 8-23 所示。将时间播放针移到音频素材的某个时间位置,单击"添加-移除关键帧"按钮◇,即可创建一个关键帧,用相同的方法可以创建多个关键帧,如图 8-24 所示。也可以选择工具面板中的钢笔工具,在音频素材的位置上单击即可创建一个关键帧,如图 8-25 所示。

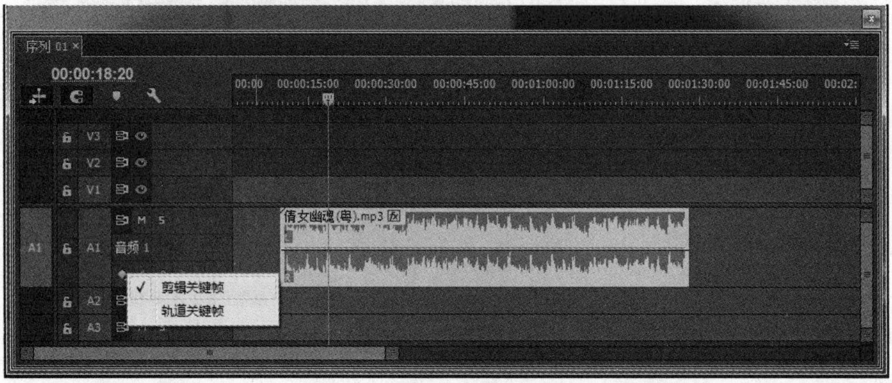

图 8-23　选择"剪辑关键帧"命令

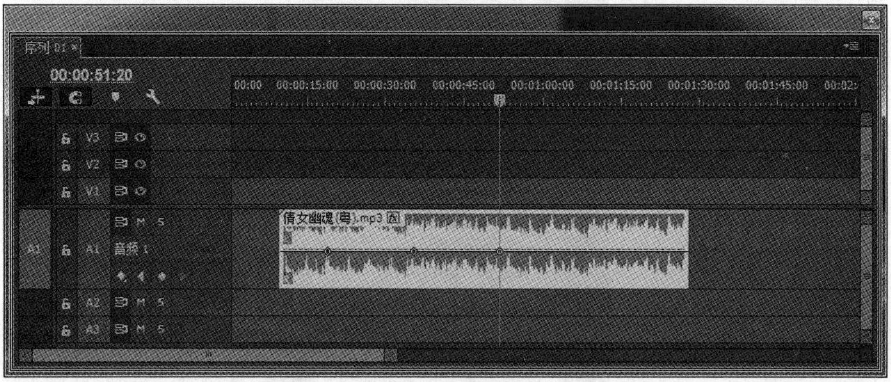

图 8-24　创建关键帧

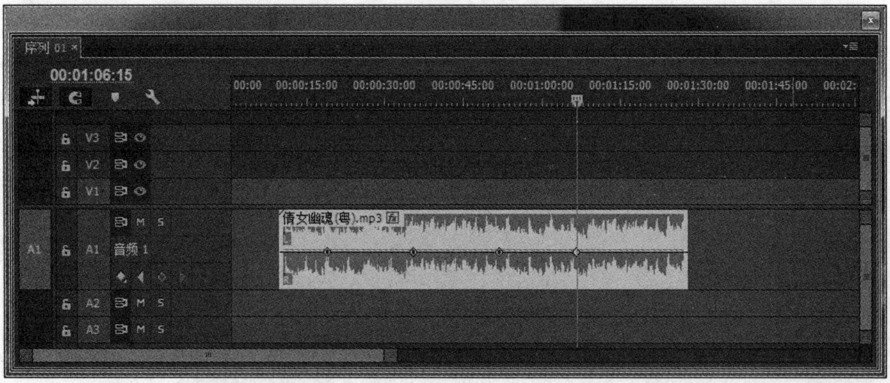

图 8-25　使用钢笔工具创建关键帧

当需要删除某个关键帧时,只要单击(选中)该关键帧,然后按 Delete 键即可删除,如图 8-26 所示;若要删除多个关键帧时,需要先选择工具面板中的选项工具,然后按住键盘上的 Shift 键不放,逐个单击要删除的关键帧,再按 Delete 键即可删除,如图 8-27 所示。

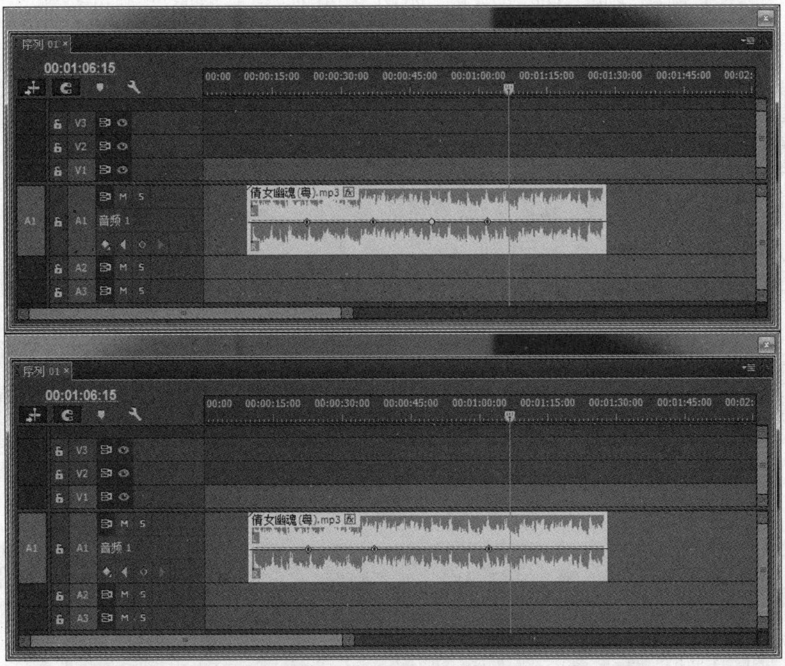

图 8-26　删除单个关键帧

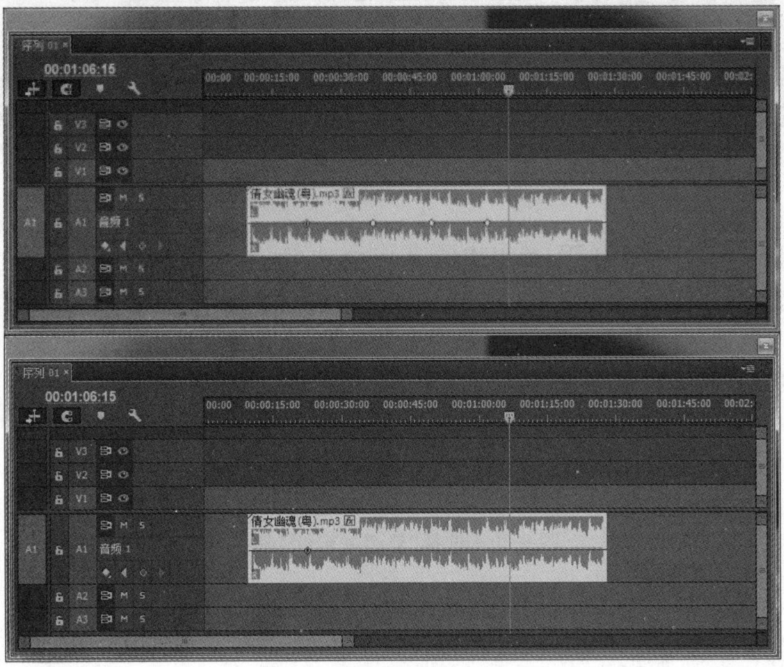

图 8-27　删除多个关键帧

当要改变某两个关键帧之间的曲线弧度时,需要先选择工具面板中的钢笔工具,然后按住键盘上的 Ctrl 键不放,单击两个关键帧的其中一个,按住鼠标左键不放,进行拖动即可,如图 8-28 所示。若拖动的关键帧前后都有关键帧时,则拖动时会出现一条水平调线,即同时调整三个关键帧之间的曲线弧度,如图 8-29 所示。当曲线弧度向上时,会使声音逐渐升高再逐渐降低;当曲线弧度向下时,会使声音逐渐降低再逐渐升高。

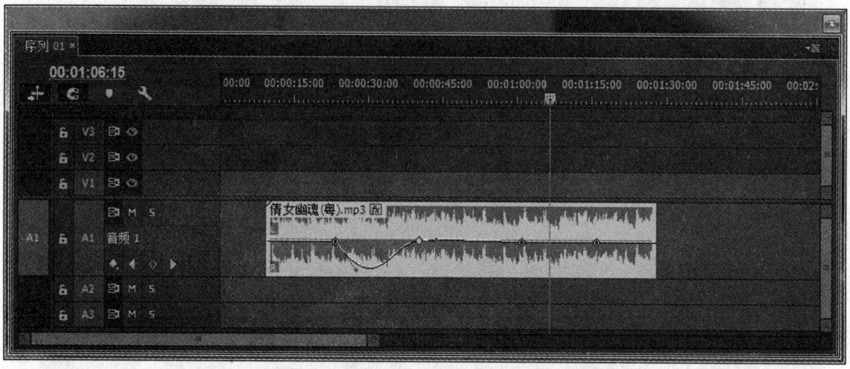

图 8-28　调整两个关键帧之间的曲线

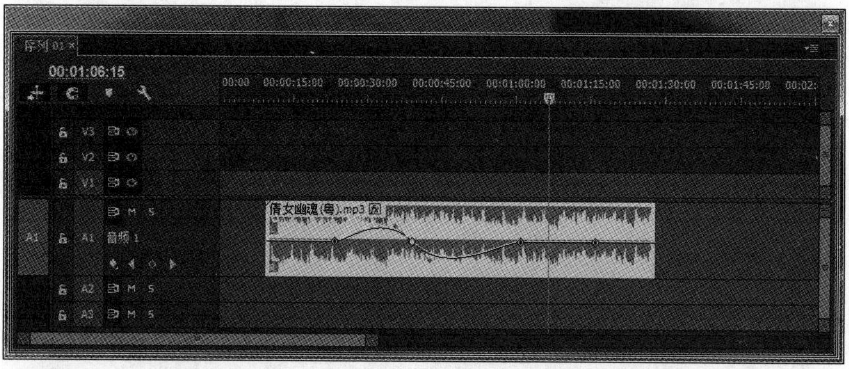

图 8-29　调整三个关键帧之间的曲线

单击"显示关键帧"按钮◆,弹出快捷菜单,选择"轨道关键帧"命令,如图 8-30 所示,时间序列面板的音频轨道如图 8-31 所示。轨道关键帧的操作及选项功能与剪辑关键帧相似,这里不再阐述。不同之处在于,轨道关键帧的编辑操作是对整个轨道起作用,而剪辑关键帧只对音频素材本身起作用。

图 8-30　选择"轨道关键帧"命令

将光标移到音频名称 fx 上,右击,弹出快捷菜单,如图 8-32 所示。快捷菜单中的音量、声道音量和声像器选项的功能说明如下。

(1) 音量选项包含旁路和级别。旁路用来开启或关闭应用效果;级别用来控制音量

图 8-31 应用"轨道关键帧"命令效果

图 8-32 剪辑关键帧的功能选项

的大小。

(2) 声道音量包含旁路、左和右。旁路用来开启或关闭应用效果;左是将音频设置为左声道;右是将音频设置为右声道。

(3) 声像器只含平衡。用来设置音频素材的声像平衡。平衡值为负数时表示左声道;平衡值为正数时表示右声道。

8.2.4 音频音量的调节

将项目面板中的音频素材放置于音频轨道时,音量过高会产生失真,音量过低会影响听觉,可以使用 Premiere Pro CC 自带的音频增益来进行调节。

音频增益是指音频信号电平的强弱,调整音频增益是进行音频处理最常用到的操作。Premiere Pro CC 中为每个独立的音频素材调整音频增益,也为主音轨声道调整音频增益。

1. 调整某段音频素材的增益

将项目面板中的音频素材放置在时间序列面板的音频轨道中,将光标移到音频素材上,右击弹出快捷菜单,选择"音频增益"命令,如图 8-33 所示,弹出"音频增益"对话框,如图 8-34 所示,如选择"标准化最大峰值为"并设置值为 15,单击"确定"按钮后,在音频轨道中可以看到音频素材波形图的变化，如图 8-35 所示。

图 8-33　选择"音频增益"命令

图 8-34　"音频增益"对话框

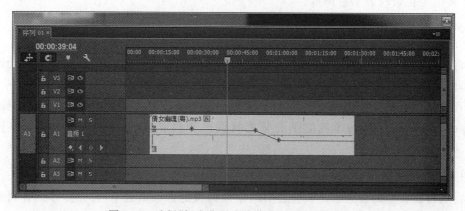

图 8-35　选择"标准化最大峰值为"并设置值为 15

音频增益对话框中的各选项说明如下。

（1）将增益设置为：默认为 0dB，可以将增益设置为指定的值。

（2）调整增益值：默认为 0dB，可以将增益调整为正值或负值，输入该值的同时系统将自动更新上面的"设置增益为"的值。

（3）标准化最大峰值为：默认为 0dB，可以设置最高峰值的绝对值。

（4）标准化所有峰值为：默认为 0dB，可以设置匹配所有峰值的绝对值。若一次选择了多个素材片段，使用这项功能可以把选择的所有音频内容调整到使它们的峰值均达到 0dB 所需的增益。

音频增益在实际操作中也需要设置不同的音量级别，例如将标准化最大峰值修改为 -2 或者 3 等。对于音频素材片段内某些时间段升高或降低音量的制作，就需要在效果控件面板的"音频效果"下进行添加关键帧等设置。

2. 调整主音轨的音量

在菜单中选择"序列"|"标准化主轨道"命令，弹出"标准化轨道"对话框，如图 8-36 所示。假设输入 -5，单击"确定"按钮，主音频电平表就降低了 5dB（音量降低）。

图 8-36 "标准化轨道"对话框

8.2.5 音频链接与分离

在项目面板中将影片（包含视频和音频）放置于时间序列面板中时，会出现视频部分放置于视频轨道中，音频部分放置于音频轨道中，且视频的长度和音频长度一样，如图 8-37 所示。视频与音频默认链接在一起，在剪辑操作中，当选中视频或音频部分时会默认一起被选中，一起被拖动，一起改变入点/出点位置或分割。若只想对视频或音频部分进行单独剪辑操作，可将两者进行分离。将光标移到视频或音频素材上，右击弹出快捷菜单，选择"取消链接"命令即可完成分离，如图 8-38 所示。

图 8-37 影片放置于时间序列面板中

当视频和音频被分离后，若要再进行链接绑定时，可以框选视频和音频或按住 Shift 键不放，依次单击视频和音频，然后将光标移到被选中的视频或音频上，右击弹出快捷菜单，选择"链接"命令即可完成链接，如图 8-39 所示。

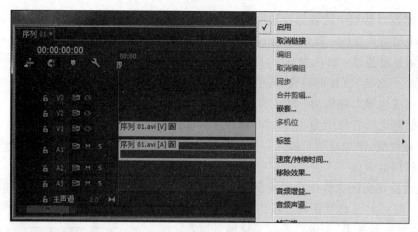

图 8-38　选择"取消链接"命令

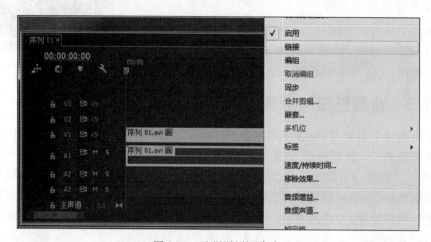

图 8-39　选择"链接"命令

当视频和音频要进行重新链接,而视频和音频的入点和出点位置不一样时,选择"链接"命令后,视频和音频素材部分的起始处会出现错位的帧数,这是供校正参考,如图 8-40 所示。

图 8-40　链接错位提示

当没有分离视频和音频，又想对视频或音频部分进行单独调整入点或出点时，可以按住 Alt 键不放，将光标移到视频或音频部分的入点或出点处即可进行单独拖动调整。

8.2.6 音频的过渡

添加音频过渡效果与添加视频过渡效果的操作过程一样。在 Premiere Pro CC 中默认只有三种过渡效果，分别为恒定功率效果、恒定增益效果和指数淡化效果。

1. 恒定功率效果

恒定功率效果可以使音频进行淡入淡出。在效果面板中展开"音频过渡"中的"交叉淡化"选项组，将光标移到"恒定功率"效果上，按住鼠标左键不放，将其拖到时间序列面板的音频轨道中的素材入点处，如图 8-41 所示。选中音频轨道中素材入点处的"恒定功率"效果，打开效果控件面板，修改持续时间，即可完成音频的淡入效果，如图 8-42 所示。

图 8-41 添加"恒定功率"效果到音频素材入点处

图 8-42 修改入点处的"恒定功率"效果的持续时间完成淡入效果

用相同的方法，将"恒定功率"效果拖到时间序列面板的音频轨道中的素材出点处，如图 8-43 所示。选中音频轨道中素材出点处的"恒定功率"效果，打开效果控件面板，修改持续时间，即可完成音频的淡出效果，如图 8-44 所示。

提示：将持续时间设置长一些，这样比较容易听出淡入、淡出效果。添加音频默认过渡效果可以采用 Ctrl＋Shift＋D 组合键进行。

2. 恒定增益效果

恒定增益效果与恒定功率效果一样，可以使音频进行淡入和淡出，两者的不同在于，恒定增益效果是以恒定的速率进行音频的淡入和淡出效果处理，听起来会感到有些生硬，而恒定功率效果可以创建比较平滑的淡入和淡出效果。

图 8-43　添加"恒定功率"效果到音频素材出点处

图 8-44　修改出点处的"恒定功率"效果的持续时间完成淡出效果

将恒定增益添加到音频素材的入点与出点处完成音频的淡入与淡出效果,如图 8-45
所示。

图 8-45　添加"恒定增益"效果完成音频淡入与淡出效果

3. 指数淡化效果

指数淡化效果可以实现两段音频素材之间的淡入与淡出效果。将"指数淡化"效果添
加于两段音频素材之间的连接处,即可实现第一段音频素材淡出效果,第二段音频素材淡
入效果,如图 8-46 所示。还可以在效果控件面板中,设置"指数淡化"效果在两段音频素
材之间的对齐方式。

8.2.7　音频处理与声道转换

利用 Premiere Pro CC 进行音频混合,应先对混合的音频做适当的音频处理以适应
音频混合的需要。

图 8-46 添加"指数淡化"效果实现两段素材之间的淡入与淡出效果

1. 音频的提取

在 Premiere Pro CC 中，可以将视频中带有的音频部分直接提取出来。

在项目面板中，选中要提取音频部分的视频素材，如图 8-47 所示，选择"剪辑"|"音频选项"|"提取音频"命令，如图 8-48 所示，提取出来的音频文件将出现在项目面板中，如图 8-49 所示。

图 8-47 选择视频素材 1

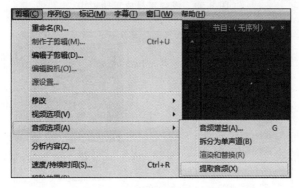

图 8-48 选择"提取音频"命令

图 8-49　提取音频

2. 渲染和替换音频

　　将项目面板中的视频素材（包含音频）放置于时间序列面板的视频轨道中，如图 8-50 所示，并在轨道中选中该视频素材，在菜单中选择"剪辑"|"音频选项"|"渲染和替换"命令，如图 8-51 所示，提取出来的音频文件将出现在项目面板中，同时将音频轨道中原有的音频素材替换为提取出来的音频文件，如图 8-52 所示。

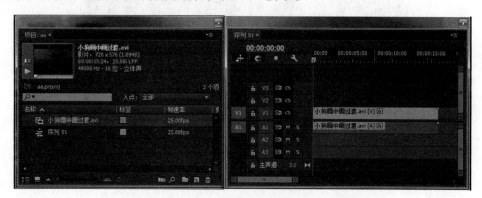

图 8-50　视频素材放置轨道中

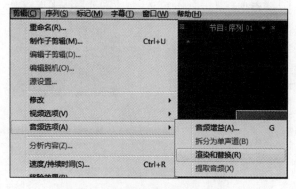

图 8-51　选择"渲染和替换"命令

图 8-52 选择"渲染和替换"命令后的效果

3. 声道转换

在项目面板中选中视频素材（包含音频）或音频素材，如图 8-53 所示，在菜单中选择"剪辑"|"音频选项"|"拆分为单声道"命令，如图 8-54 所示，拆分为单声道的左侧和右侧两个音频文件将出现在项目面板中，如图 8-55 所示。

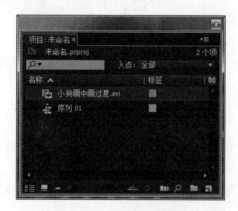

图 8-53 选择视频素材 2

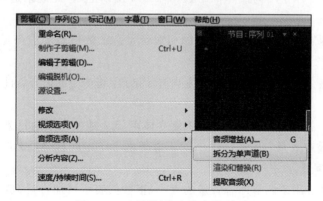

图 8-54 选择"拆分为单声道"命令

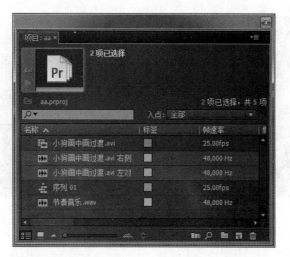

图 8-55 选择"拆分为单声道"命令后的效果

提示：双声道将拆分为左右两个声道，5.1 将拆分为 6 个声道。

8.3 音频效果

在 Premiere Pro CC 中提供了一些自带的音频效果，下面对部分自带的音频效果进行介绍。

(1) 多功能延迟效果：为剪辑中的原始音频添加最多 4 个回声。此效果适用于 5.1、立体声或单声道。

(2) 带通效果：移除在指定范围外发生的频率或频段。此效果适用于 5.1、立体声或单声道。

(3) 低音效果：用于增大或减小低频（200Hz 或更低）。此效果适用于 5.1、立体声或单声道。

(4) 高音效果：用于增高或降低高频（4000Hz 及以上）。此效果适用于 5.1、立体声或单声道。

(5) 平衡效果：用于控制左右声道的相对音量。正数值增加右声道的音量比例，负数值增加左声道的音量比例。

(6) 消除齿音效果：通常用于声音发出有 s 和 t 字母产生的齿音。此效果适用于 5.1、立体声或单声道。

(7) 声道音量控制效果：用于独立控制立体声、5.1 或轨道中的每条声道的音量。

(8) 消除嗡嗡声效果：从音频中消除不需要的 50Hz/60Hz 嗡嗡声。此效果适用于 5.1、立体声或单声道。

(9) 音量效果：用于调节声音音量的大小，正数值表示增加音量，负数值表示降低音量。此效果适用于 5.1、立体声或单声道。

(10) 高通效果。用于消除低于指定"屏蔽度"频率的频率。此效果适用于 5.1、立体声或单声道。

（11）低通效果。用于消除高于指定"屏蔽度"频率的频率。此效果适用于 5.1、立体声或单声道。

（12）消频效果。消除位于指定中心频率附近的频率。此效果适用于 5.1、立体声或单声道。

（13）延迟效果。用于增加音频的回音效果。此效果适用于 5.1、立体声或单声道。

（14）互换声道。用于左右声道互换。此效果仅用于立体声道。

（15）反转效果。用于反转所有声道的相位。此效果适用于 5.1、立体声或单声道。

8.4 任务实现

8.4.1 美丽的乡村河配音

（1）启动 Premiere Pro CC 软件，单击"新建项目"，弹出"新建项目"对话框，输入名称"美丽的乡村河配音"，单击"确定"按钮，进入软件工作界面，按 Ctrl＋N 组合键，弹出"新建序列"对话框，选择"轨道"选项，设置如图 8-56 所示，单击"确定"按钮，进入如图 8-57 所示界面。

图 8-56 设置音频主轨道类型

（2）选择"文件"|"导入"命令，弹出"导入"对话框，选择"虫鸣.wav""船鸣叫.wav""杜鹃.wav""流水声.wav""美丽的乡村河.avi""小鸟叫.wav""示例音乐.wav"文件，单

击"打开"按钮,文件被导入窗口的项目面板中,选择"美丽的乡村河.wav"将其拖至视频轨道 V1 中,如图 8-58 所示,按\键,如图 8-59 所示,在视频轨道 V1 中的"美丽的乡村河.avi"上右击弹出快捷菜单,选择"取消链接"命令,选中音频轨道 A1 中的文件,按Delete 键删除,如图 8-60 所示。

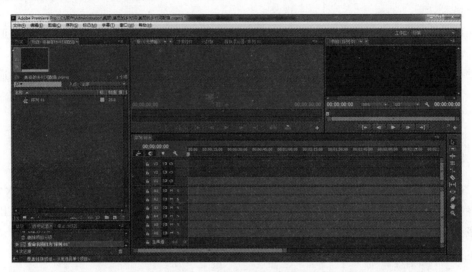

图 8-57   新建序列后的主界面

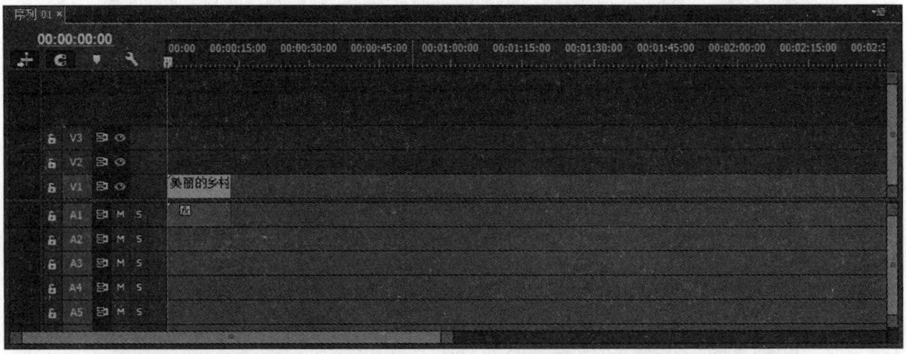

图 8-58   将"美丽的乡村河.wav"拖到视频轨道 V1 中

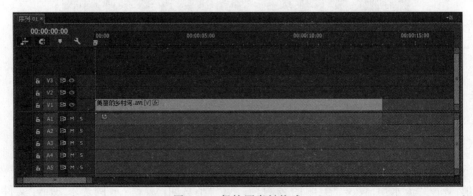

图 8-59   保持原素材格式

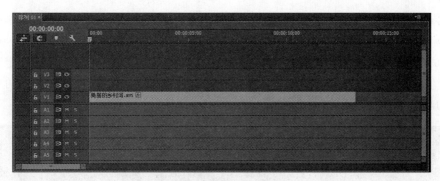

图 8-60　删除音频素材

（3）在效果面板中展开"视频效果"中的"颜色校正"，选择"亮度曲线"，将其拖至视频轨道 V1 中"美丽的乡村河.avi"上，调整亮度波形图，如图 8-61 所示。

图 8-61　调整亮度波形图

（4）将项目面板中的"小鸟叫.wav"拖至音频轨道 A1 中，调整入点在 00:00:01:00 处，出点在 00:00:04:00 处，如图 8-62 所示。

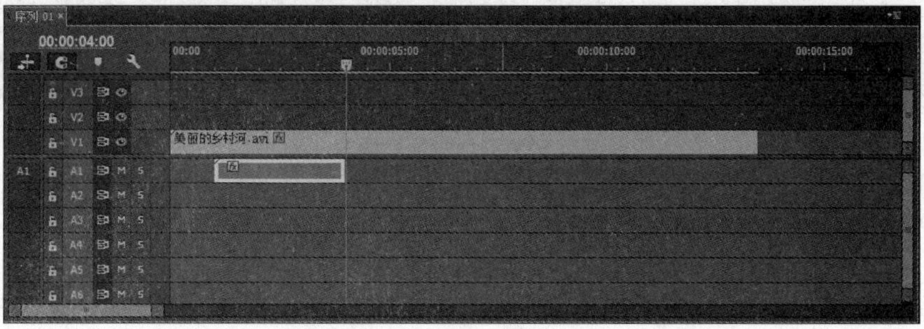

图 8-62　设置"小鸟叫.wav"在轨道中的入点和出点位置

（5）用步骤（4）的方法分别将"杜鹃.wav"拖至音频轨道 A2 中（入点为 00:00:04:00，出点为 00:00:10:00）；将"流水声.wav"拖至音频轨道 A3 的起始处，如图 8-63 所示，将"序列 01"中的时间播放针移到 00:00:03:20 处，选择剃刀工具，在时间播放针定位的时间位置上选择"流水声.wav"文件，将其分割两半，如图 8-64 所示，选中被分割的右侧素材，按 Delete 键，将其删除，如图 8-65 所示。

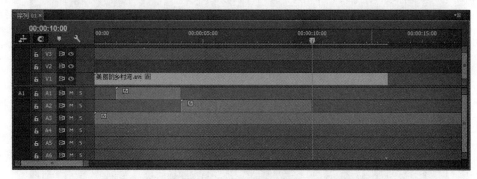

图 8-63　设置"杜鹃.wav"和"流水声.wav"在轨道中的入点和出点位置

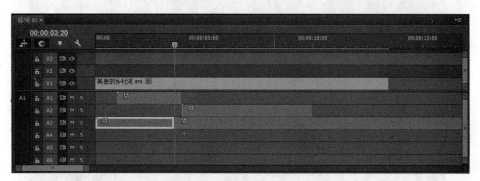

图 8-64　分割轨道 A3 中的音频素材

图 8-65　删除轨道 A3 中被分割的音频素材后半部

（6）用步骤（4）的方法将"船鸣叫.wav"拖至音频轨道 A4 中（入点为 00:00:08:12，出点为 00:00:10:00），如图 8-66 所示。

（7）用步骤（4）的方法将"虫鸣.wav"拖至音频轨道 A5 中（出点为 00:00:13:13），如图 8-67 所示，将"序列 01"中的时间播放针移到 00:00:11:13 处，选择剃刀工具，在时间播

放针定位的时间位置上选择"虫鸣.wav"文件,将其分割两半,如图8-68所示,选中被分割
的左侧素材,按Delete键,将其删除,如图8-69所示。

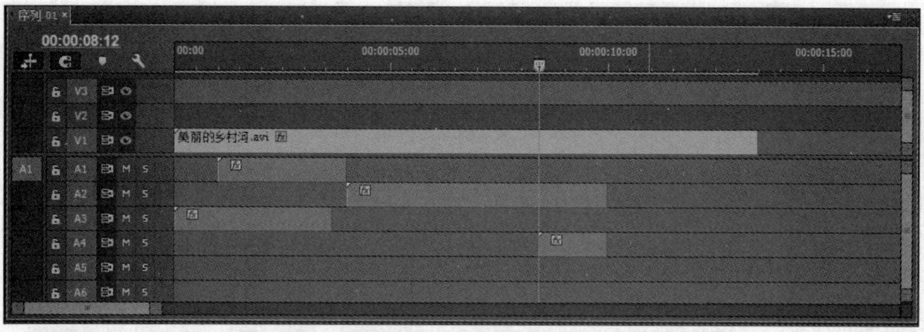

图 8-66　设置"船鸣叫.wav"在轨道中的入点和出点位置

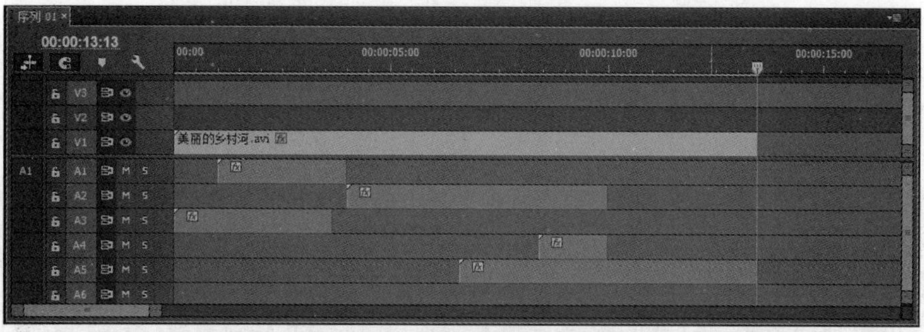

图 8-67　设置"虫鸣.wav"在轨道中的入点和出点位置

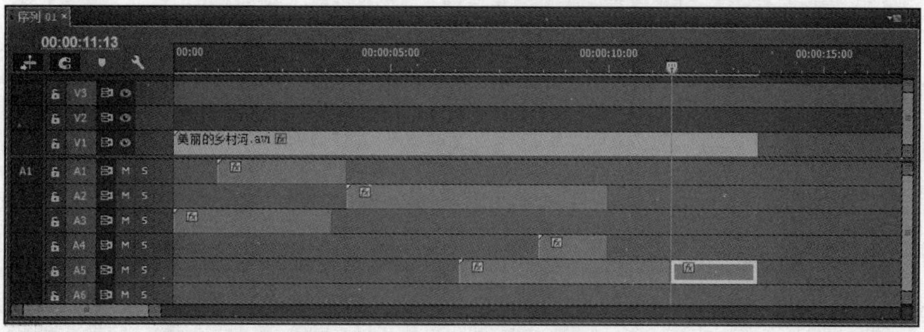

图 8-68　分割轨道 A5 中的音频素材

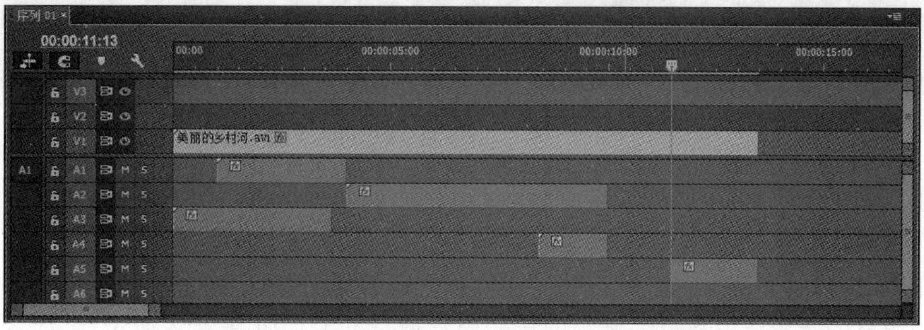

图 8-69　删除轨道 A5 中被分割的音频素材后半部

(8) 用步骤(4)的方法将"示例音乐.wav"拖至音频轨道 A6 中(入点为 00:00:00:00，出点为 00:00:13:13)，如图 8-70 所示。

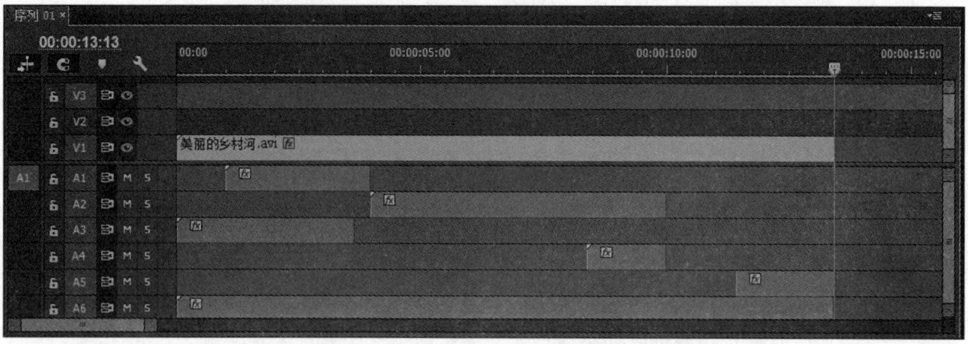

图 8-70　设置"示例音乐.wav"在轨道中的入点和出点位置

(9) 在效果面板中展开"音频效果"，选择"低通"，将其拖至视频轨道 A4 中的"船鸣叫.wav"上，在效果控件面板中展开"低通"，设置"屏蔽度"值为 350(消除刺耳声)，如图 8-71 所示。

图 8-71　设置"低通"效果的屏蔽值

(10) 在音轨混合器面板中，设置音频轨道 A1、A2、A3、A4、A5 和 A6 的"定位声场点"，如图 8-72 所示，并将各音频轨道的自动模式设置为"写入"模式，如图 8-73 所示，并单击"音轨混合器"底部的"播放"按钮，在播放过程，对各音频轨道的"音量调节块"进行实时调整(调整的音量将以轨道关键帧的形式保存记录下来)，如图 8-74 所示。

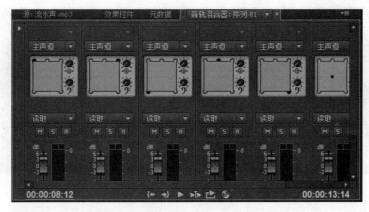

图 8-72　设置各轨道的"定位场声点"

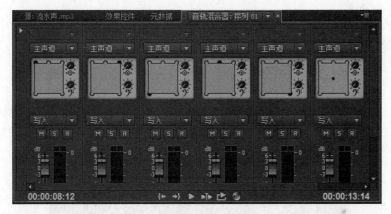

图 8-73　设置自动模式为"写入"

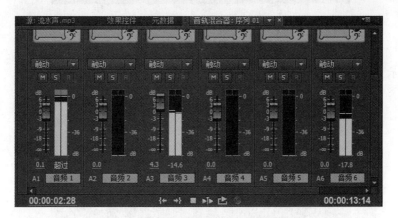

图 8-74　调整各音频轨道的音量效果

　　(11) 在"序列 01"中选择视频轨道 V1 中的"美丽的乡村河.avi"文件,按 Ctrl＋D 组合键插入默认的"交叉溶解"效果,如图 8-75 所示。

　　(12) 美丽的乡村河配音视频制作完成。

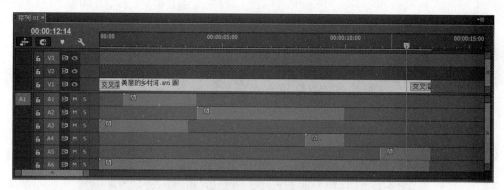

图 8-75　应用"交叉溶解"效果

8.4.2　MV 视频

（1）启用 Premiere Pro CC 软件，新建一个名为 MV 的项目文件和一个名为"序列 01"的时间序列，如图 8-76 所示。

图 8-76　新建项目和序列

（2）单击项目面板下的"新建素材箱"按钮，新建一个素材箱，命名为"字幕"，如图 8-77 所示。

图 8-77　新建"素材箱"

（3）按 Ctrl＋I 组合键，打开"导入"对话框，选择"澳大利亚之旅.mpg"和"友谊地久天长.mp3"素材，单击"打开"按钮，所选素材导入项目面板中。

（4）在项目面板中双击"澳大利亚之旅.mpg"素材，在源监视器面板中打开。

（5）在项目面板中选择"友谊地久天长.mp3"素材，按住鼠标左键不放，将其拖到"序列 01"的音频轨道 A1 中，如图 8-78 所示。

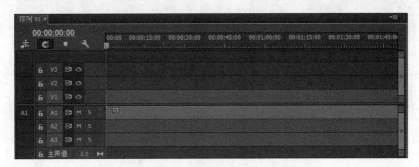

图 8-78 将音频素材拖至 A1 中

（6）在源监视器面板中设置入点位置为 00：05：02：00，出点位置为 00：08：06：07，按住"仅拖动视频"按钮圖，将片段素材拖到视频轨道 V1 中的起始处，如图 8-79 所示。

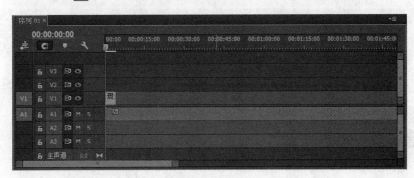

图 8-79 将第一段片段素材拖到 V1 中

（7）在源监视面板中设置入点位置为 00：09：39：11，出点位置为 00：09：44：04，按住"仅拖动视频"按钮圖，将片段素材拖到视频轨道 V1 中，并与前一段素材的末尾对齐，如图 8-80 所示。

图 8-80 将第二段片段素材拖到 V1 中

（8）在源监视面板中设置入点位置为00:09:55:02,出点位置为00:10:01:02,按住"仅拖动视频"按钮,将片段素材拖到视频轨道V1中,并与前一段素材的末尾对齐,如图8-81所示。

图8-81　将第三段片段素材拖到V1中

（9）按Ctrl+T组合键,弹出"新建字幕"对话框,在该对话框中的"名称"文本框中输入"标题",将"时基"设置为25,单击"确定"按钮,进入字幕编辑设计器中,如图8-82所示。

图8-82　字幕编辑设计器

（10）选择工具面板中的"文本"工具,在字幕编辑设计器中输入"友谊地久天长"文字,并设置字体类型为"华文行楷",字体大小为90,如图8-83所示。

（11）关闭字幕编辑设计器,返回到Premiere Pro CC的工作界面,在"序列01"面板中将当前时间播放针定位到00:00:04:07位置上,如图8-84所示。

（12）在项目面板中,将"标题"字幕拖到视频轨道V2中,使其开始位置与当前时间播放针对齐,如图8-85所示,在视频轨道V2上右击弹出快捷菜单,选择"剪辑速度/持续时间"命令,弹出"剪辑速度/持续时间"对话框,在该对话框中将持续时间改为00:00:06:00。

图 8-83 输入文字并设置属性

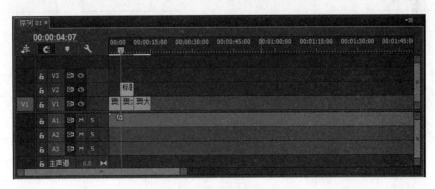

图 8-84 定位时间播放针

图 8-85 将"标题"字幕拖到 V2 中

　　(13) 在效果面板中,展开"视频过渡"|"滑动"选项,选择"推"效果,将其添加到"标题"字幕的结束位置。

　　(14) 在效果面板中,展开"视频过渡"|"3D 运动"选项,选择"摆入"效果,将其添加到视频轨道 V1 中的片段 1 与片段 2 之间,如图 8-86 所示。

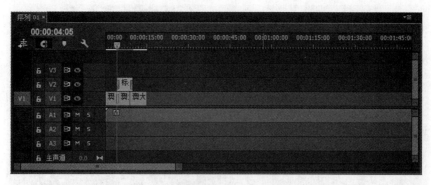

图 8-86　将"摆入"效果添加到 V1 中的片段 1 与片段 2 之间

（15）在源监视器面板中，依次设置素材的入点和出点位置，并将各片段素材添加到"序列 01"的视频轨道 V1 中，并与前一片段素材对齐。各片段入点和出点的位置如表 8-1 所示；各片段素材在视频轨道 V1 中的位置，如图 8-87 所示。

表 8-1　入点与出点位置

视频片段序号	入　点	出　点
片段 1	00:00:15:20	00:00:21:22
片段 2	00:00:57:24	00:01:02:21
片段 3	00:01:26:04	00:01:29:00
片段 4	00:01:36:16	00:01:45:24
片段 5	00:02:01:04	00:02:05:12
片段 6	00:02:11:20	00:02:15:23
片段 7	00:00:28:24	00:00:37:15
片段 8	00:07:05:00	00:07:11:06
片段 9	00:07:35:19	00:07:46:23
片段 10	00:08:36:06	00:08:42:03
片段 11	00:08:57:08	00:09:04:21
片段 12	00:09:28:23	00:09:35:08
片段 13	00:10:24:18	00:10:30:00
片段 14	00:08:16:18	00:08:25:03
片段 15	00:08:28:09	00:08:34:07
片段 16	00:10:31:05	00:10:35:05
片段 17	00:11:22:10	00:11:26:20
片段 18	00:11:38:18	00:11:45:02
片段 19	00:12:17:12	00:12:22:14
片段 20	00:11:51:04	00:12:00:18
片段 21	00:12:03:10	00:12:09:01
片段 22	00:15:52:14	00:12:57:11

续表

视频片段序号	入 点	出 点
片段 23	00:13:09:16	00:13:16:17
片段 24	00:12:44:24	00:12:47:09
片段 25	00:12:38:14	00:12:44:22
片段 26	00:12:59:16	00:13:05:18
片段 27	00:13:27:17	00:13:33:18
片段 28	00:13:36:11	00:13:41:16
片段 29	00:13:56:22	00:14:03:11
片段 30	00:14:10:19	00:14:16:21
片段 31	00:15:25:06	00:15:30:19
片段 32	00:15:33:22	00:15:42:02
片段 33	00:15:48:22	00:15:54:18
片段 34	00:15:58:05	00:16:03:21
片段 35	00:16:07:16	00:16:14:02
片段 36	00:16:24:23	00:16:30:09

图 8-87 各片段素材在 V1 中的位置

（16）在效果面板中，展开"视频效果"|"过渡"选项，选择"径向擦除"效果，将其添加到视频轨道 V2 中的片段素材入点处，如图 8-88 所示。

图 8-88 将径向擦除效果添加到视频轨道 V2 中的片段素材入点处

（17）选择"字幕"|"新建字幕"|"默认静态字幕"命令，打开"新建字幕"对话框，在"名

称"文本框中输入"字幕1",单击"确定"按钮,进入字幕编辑设计器,如图8-89所示。

图 8-89　字幕1编辑设计器

（18）在字幕属性子面板中,设置字体的样式为"华文行楷",字体大小为33,在字幕设计器的屏幕下部位置,输入歌词:"怎能忘记旧日朋友,心中能不欢笑",如图8-90所示,选中输入的歌词,在字幕属性子面板中,单击"外描边"右侧"添加"按钮,选中"外描边",设置"类型"为边缘,"大小"为30,"色彩"为"黑色",在字幕安全框内居中对齐。

图 8-90　输入歌词文字

整段歌词如下:怎能忘记旧日朋友,心中能不欢笑,旧日朋友岂能相忘,友谊地久天长,友谊万岁,朋友,友谊万岁,举杯痛饮,同声歌颂友谊地久天长,我们曾经终日游荡在故乡的青山上,我们也曾历尽苦辛,到处奔波流浪,友谊万岁,朋友,友谊万岁,举杯痛饮,同声歌颂友谊地久天长。

我们也曾终日逍遥,荡桨在微波上,但如今已经劳燕分飞,愿歌大海重洋,友谊万岁,万岁朋友,友谊万岁,举杯痛饮,同声歌颂友谊地久天长,我们往日情意相投,让我们紧握手,让我们来举杯畅饮,友谊地久天长,友谊万岁,万岁朋友,友谊万岁,举杯痛饮,同声歌颂友谊地久天长。

友谊万岁,万岁朋友,友谊万岁,举杯痛饮,同声歌颂友谊地久天长,友谊万岁,万岁朋友,友谊万岁,举杯痛饮,同声歌颂友谊地久天长。

（19）单击字幕设计器左上角"基于当前字幕新建字幕"按钮，打开"新建字幕"对话框,在"名称"文本框中输入"字幕2",如图8-91所示,单击"确定"按钮。

图 8-91　新建字幕 2

（20）将歌词"旧日朋友岂能相忘，友谊地久天长"覆盖第一段字幕歌词上，如图 8-92 所示。重复第 19 步和第 20 步，依次创建完其余的歌词字幕。

图 8-92　输入字幕 2 的歌词文字

（21）关闭字幕设计器，返回 Premiere Pro CC 主界面中，如图 8-93 所示。

图 8-93　回到主界面

（22）在项目面板中将"字幕1"到"字幕21"依次拖到视频轨道V2中的"标题字幕"后面，如图8-94所示。

图8-94　将"字幕1"到"字幕21"依次拖到视频轨道V2中

（23）在效果面板中，展开"视频过渡"|"缩放"选项，选择"缩放"效果，将其添加到视频轨道V1中的片段6和片段7素材之间，如图8-95所示。

图8-95　将"缩放"效果添加到片段6与片段7素材之间

（24）在菜单中选择"字幕"|"新建字幕"命令，在"新建字幕"对话框中输入字幕名称为"滚动字幕"，单击"确定"按钮，打开字幕设计器，单击左上方"滚动/游动选项"按钮，选择"滚动"，如图8-96所示。

（25）使用文字工具输入演员人员名单，也可输入其他相关内容，设置字体为"方正舒体"，字号为50，如图8-97所示。

（26）输入完演员名单后，按Enter键，单击字幕设计窗口合适的位置，继续在下面输入单位名称和日期，字号设置为40，其余同上，如图8-98所示。

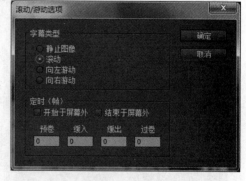

图8-96　"滚动/游动选项"对话框

（27）单击字幕编辑设计器中的左上方"滚动/游动选项"按钮，打开"滚动/游动选项"对话框，在该对话框中选中"开始于屏幕外"复选框，如图8-99所示，使字幕从屏幕外滚动进入，设置完成后，单击"确定"按钮。

图 8-97 输入演员名单

图 8-98 输入单位名称和日期

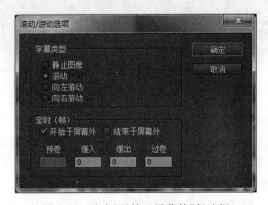

图 8-99 选中"开始于屏幕外"复选框

（28）关闭字幕编设计器，将当前时间播放针定位到 00:03:56:18 位置上，将项目面板中的"滚动字幕"拖到视频轨道 V2 轨道中，使其开始位置与当前时间播放针对齐，如图 8-100 所示。

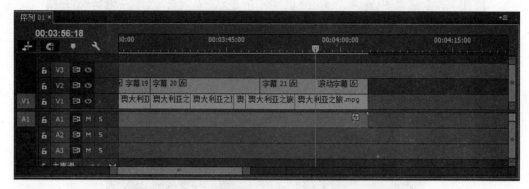

图 8-100　将"滚动字幕"拖到视频轨道 V2 轨道中

（29）单击视频轨道 V2，将时间播放针定位到 00:00:06:05 位置，在效果控件面板中，展开"不透明度"选项，设置不透明度为 100%，单击不透明度左侧按钮（切换动画），创建一个关键帧，如图 8-101 所示，将时间播放针定位到 00:00:08:05 位置，设置不透明度为 0，创建第二个关键帧，如图 8-102 所示。

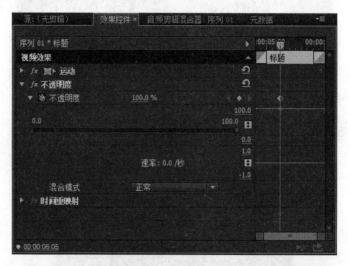

图 8-101　在视频轨道 V2 中创建第一个"不透明度"关键帧

（30）单击视频轨道 V1，将时间播放针定位到 00:03:57:13 位置，在效果控件面板中，展开"不透明度"选项，设置不透明度为 100%，单击不透明度左侧按钮（切换动画），创建一个关键帧，如图 8-103 所示，将时间播放针定位到 00:04:03:00 位置，设置不透明度为 0，创建第二个关键帧，如图 8-104 所示。

（31）用相同的方法将滚动字幕设置为淡出效果，如图 8-105 所示。

（32）MV 视频制作完成。

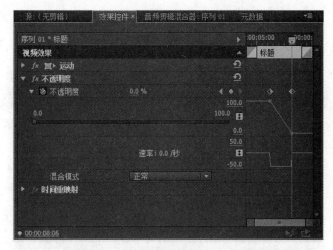

图 8-102　在视频轨道 V2 中创建第二个"不透明度"关键帧

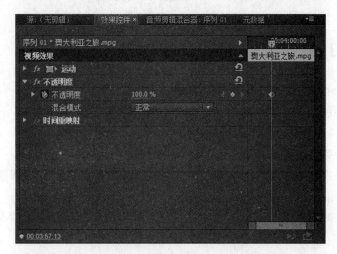

图 8-103　在视频轨道 V1 中创建第一个"不透明度"关键帧

图 8-104　在视频轨道 V1 中创建第二个"不透明度"关键帧

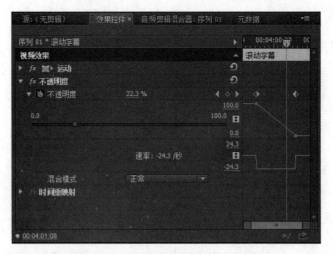

图 8-105　设置滚动字幕为淡出

8.5　习题

（1）在 Premiere Pro CC 中有几种音频轨道？

（2）如何添加和删除音频轨道？

（3）如何进行音频文件类型之间的转换？

（4）请自行练习音频混合器进行声音录制。

（5）怎样将视频和音频进行分离？如果不分离，如何进行单独的调整音频的入点或出点位置？

（6）如何在时间序列的音频轨道上为音频素材添加关键帧？并设置某时间范围的淡入或淡出效果？

影 片 输 出

本章学习内容

1. 常用的导出文件格式；

2. 导出设置对话框；

3. 导出文件。

本章学习目标

1. 掌握常用的视频文件格式、音频文件格式和图像文件格式；

2. 掌握导出设置对话中的设置；

3. 熟练掌握导出各种类型文件的操作方法。

在 Premiere Pro CC 中提供了对已经编辑好的视频文件进行输出，输出的形式可以是光盘、磁盘等，还可以导出不同格式的视频文件。本章主要介绍视频文件输出的格式及相关参数设置。

9.1 常用的导出文件格式

1. 常用的视频格式

在 Premiere Pro CC 中，可以将已经编辑好的视频文件输出为多种格式的视频文件，以便在不同的播放器中进行观看。

常用的视频格式有以下几种。

（1）AVI：AVI 即音频视频交错格式，是将视频与音频同时组合在一起的文件格式。它对视频文件采用了有损压缩方式，所以压缩比较高。

（2）WMV：WMV 是一种流媒体格式，支持边下载边播放。广泛用于网络上的播放与传输。

（3）MPEG：MPEG 是动态图像专家组英文单词的缩写，是一个系列标准，主要包含 MPEG-1、MPEG-2、MPEG-4 等。

MPEG-1 主要用于 CD-ROM、VCD 领域；MPEG-2 主要用于数字电视、HDTV、DVD 等领域；MPEG-4 主要用于移动通信或网络上的低带宽领域。

（4）QuickTime：主要用于 Windows 和 Ma OS 系统上的视频文件。

2. 常用的音频格式

在 Premiere Pro CC 中，可以输出多种音频格式，常用的音频格式有以下几种。

（1）WAV：WAV 是一种压缩的离散文件或流式文件。可以在较低的采样频率下压缩出近于 CD 的音质效果。

（2）MP3：MP3 能够以高音质、低采样频率对数字音频文件进行压缩。

3. 常用的图像格式

在 Premiere Pro CC 中，可以输出以下几种常用的图像格式文件。

（1）静态图像：如 bmp、JPEG、TIFF、PNG 等。

（2）序列图像：如 GIF、Targa、JPEG 等。

9.2 "导出设置"对话框

1. 导出预览

当在时间序列面板中编辑好影片后，选中时间序列面板，选择"文件"|"导出"|"媒体"命令，弹出"导出设置"对话框，如图 9-1 所示，在左上方有"源"和"输出"两个选项卡，其中"源"选项卡表示影片在项目中的编辑画面，单击"源"选项卡中的"裁剪输出视频"按钮，可以在预览区内显示出裁剪调整框，可通过调整裁剪框来改变画面输出的大小，如图 9-2 所示，调整好画面后可以通过"输出"选项卡观察其效果，如图 9-3 所示。

图 9-1 "导出设置"对话框

图 9-2 调整裁剪框

图 9-3 通过"输出选项卡"观察输出效果

在预览区域下方有设置入点按钮、设置出点按钮、显示比例下拉列表框和播放滑动按钮。

（1）设置入点按钮█：用于设置影片导出的入点。

（2）设置出点按钮█：用于设置影片导出的出点。

（3）显示比例下拉列表框 █适合 ▼ ：用于当前画面显示的范围大小。

（4）播放滑动按钮█████████████████████████：用于拖动设置入点按钮和设置出点按钮输出的位置设置。

2. 导出设置

"序列设置匹配"复选框：当选中"序列设置匹配"复选框，表示导出的影片设置格式自动与 Premiere Pro CC 项目中序列设置的格式一样。

（1）格式下拉列表框：表示可以导出的媒体格式，如图 9-4 所示。

（2）预设下拉列表框：用于设定文件导出的制式，其选项根据选择格式的不同而不同，如图 9-5 所示。

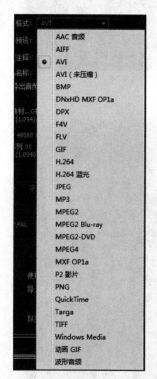

图 9-4　媒体格式

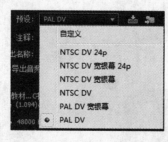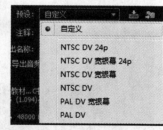

图 9-5　输出制式

（3）保存预设按钮█：用于保存用户导出的制式，也可用于保存用户定义的制式。系统默认的制式不能进行保存。

（4）导入预设按钮█：用于导入用户需要输出的预置。导入的预置文件只能是.epr和.xml两种。

（5）删除预设按钮█：用于删除用户保存和导入的预置。系统默认的预置不能删除。

（6）注释文本框 ＿＿＿＿＿＿＿＿＿：用于为导出文件添加注释。

（7）输入名称：用于保存导出文件的名称和路径设置。单击"输出名称"右边按钮，弹出"另存为"对话框，如图9-6所示，选择要保存的路径和文件名，单击"保存"按钮。

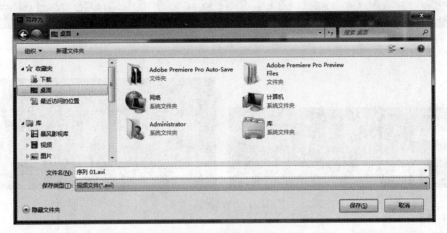

图9-6 "另存为"对话框

（8）"导出视频"复选框：选中"导出视频"复选框，表示导出视频部分文件，反之不导出。

（9）"导出音频"复选框：选中"导出音频"复选框，表示导出音频部分文件，反之不导出。

（10）摘要：用于显示导出文件的相关信息，如图9-7所示。

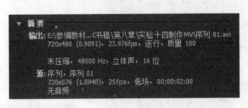

图9-7 导出文件摘要信息

（11）"滤镜"选项卡：用于设置滤镜效果的模糊程度和尺寸。选中"高斯模糊"复选框，即可进行模糊度和模糊尺寸的设置，如图9-8所示。

图9-8 "滤镜"选项卡

（12）"视频"选项卡：用于设置视频编码器，包括品质、高度和宽度等基本设置以及关键帧、是否扩展帧图像等高级设置，如图9-9所示。

（13）"音频"选项卡：用于输出影片中的音频编码器以及采样率、声道、样本大小和音频交错等属性的基本设置，如图9-10所示。

图 9-9 "视频"选项卡

图 9-10 "音频"选项卡

（14）"导入到项目中"复选框：当选中"导入到项目中"复选框时，导出的文件将出现在项目面板中，如图 9-11 所示。

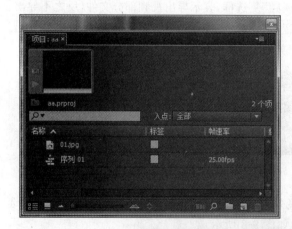 

图 9-11 导入到项目中

（15）元数据按钮 元数据… ：用于打开"元数据导出"对话框，如图 9-12 所示，选择
"在输出文件中嵌入"选项，可以将元数据嵌入文件中一同输出。

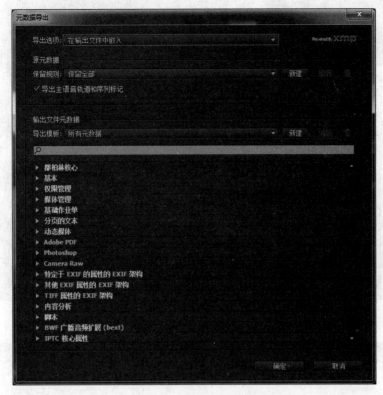

图 9-12 "元数据导出"对话框

（16）队列按钮 队列 ：用于打开 Adobe Media Encoder，设置好的项目文件将自
动出现在导出队列列表中。单击 Start Queue 按钮，可将序列按照设置输出到指定的磁
盘空间。

Adobe Media Encoder 用于 Adobe Premiere Pro、Adobe After Effects 和 Adobe
Prelude 的编码引擎，也可以用作独立的编码器。

（17）导出按钮 导出 ：当导出的文件在"导出设置"对话框中设置好后，直接单
击"导出"按钮即可直接导出文件。

9.3 导出文件

1. 导出单帧图像

在 Premiere Pro CC 中可将视频中的某个静态帧画面导出为图像。选择"文件"|"导
出"|"媒体"命令，弹出"导出设置"对话框，在"格式"下拉列表框中选择图像格式，如 BMP
选项，在"输出名称"中选择路径和文件名，在"视频"选项卡中取消选中"导出为序列"复选
框，如图 9-13 所示，其他参数取默认值，单击"导出"按钮即可完成，如图 9-14 所示。

图 9-13　单帧图像导出设置

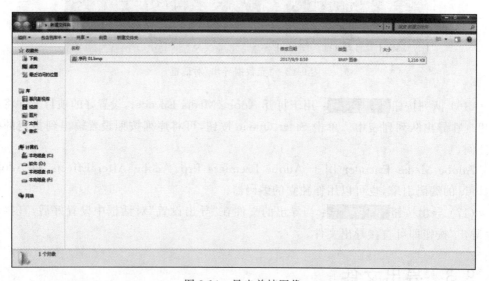

图 9-14　导出单帧图像

2. 导出序列帧图像

在 Premiere Pro CC 中可将视频导出为多张图像,这些图像会自动编号。选择"文件"|"导出"|"媒体"命令,弹出"导出设置"对话框,在"格式"下拉列表框中选择图像格式,如 JPG 选项,在"输出名称"中选择路径和文件名,在"视频"选项卡中选中"导出为序列"复选框,如图 9-15 所示,其他参数取默认值,单击"导出"按钮即可完成,如图 9-16 所示。

图 9-15　序列图像导出设置

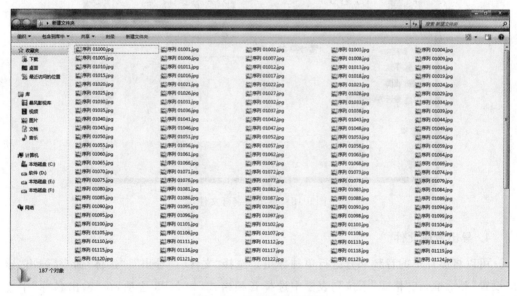

图 9-16　导出序列帧图像

3. 导出字幕文件

字幕文件是一类扩展名为.prtl 的文件，和其他素材一样，也可以导出到外部磁盘进行保存，还可以导入其他项目文件中。

在项目面板中选择字幕文件,选择"文件"|"导出"|"字幕"命令,弹出"保存字幕"对话框,在该对话框中选择保存的路径和字幕文件名,如图 9-17 所示,单击"保存"按钮即可完成,如图 9-18 所示。

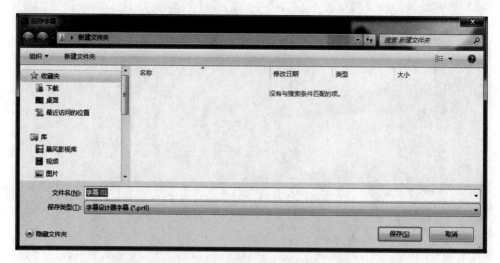

图 9-17 "保存字幕"对话框

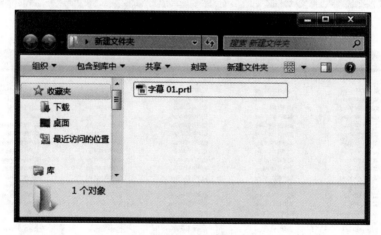

图 9-18 导出的字幕文件

4. 导出音频文件

可以将影片中的音频部分进行单独导出。选择"文件"|"导出"|"媒体"命令,弹出"导出设置"对话框,在"格式"下拉列表框中选择音频格式,如 MP3 选项,在"输出名称"中选择路径和文件名,在"音频"选项卡中,根据需要进行相关设置,如图 9-19 所示,其他参数取默认值,单击"导出"按钮即可完成,如图 9-20 所示。

5. 导出视频

可以将影片中的视频部分(不含音频)进行单独导出。选择"文件"|"导出"|"媒体"命

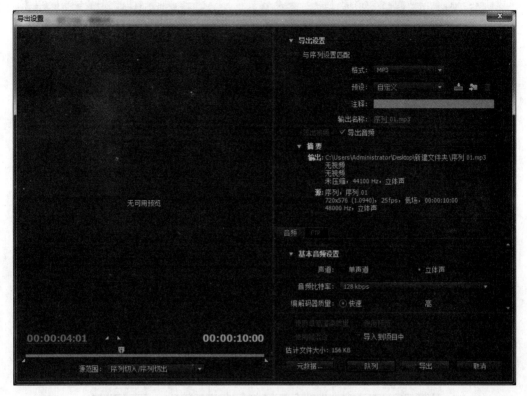

图 9-19 导出音频设置

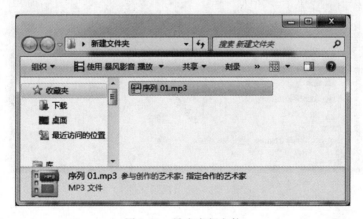

图 9-20 导出音频文件

令,弹出"导出设置"对话框,在"格式"下拉列表框中选择视频格式,如 QuickTime 选项,取消"导出音频"复选框,在"输出名称"中选择路径和文件名,在"视频"选项卡中,根据需要进行相关设置,如图 9-21 所示,其他参数取默认值,单击"导出"按钮即可完成,如图 9-22 所示。

图 9-21　导出视频设置

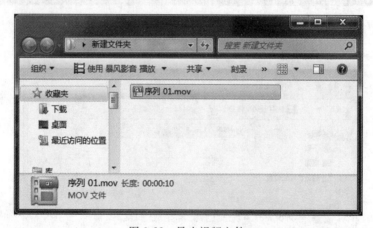

图 9-22　导出视频文件

6. 导出整个影片

可以将含有字幕、视频、音频等的影片进行一起导出。选择"文件"|"导出"|"媒体"命令,弹出"导出设置"对话框,在"格式"下拉列表框中选择视频格式,如 AVI 选项,选中"导出音频""导出视频"复选框,在"输出名称"中选择路径和文件名,在"视频""音频"选项卡中,根据需要进行相关设置,如图 9-23 所示,其他参数取默认值,单击"导出"按钮即可完成,如图 9-24 所示。

图 9-23 导出整个影片设置

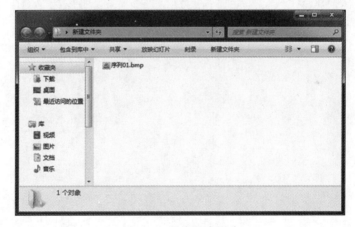

图 9-24 导出整个影片

9.4 习题

(1) 简述常用的视频文件格式、音频文件格式、图像文件格式。

(2) 如何将要导出的影片导入本项目文件中？

(3) 单帧图像与序列帧图像有什么区别？

(4) 自行导入一个影片文件(含有视频和音频)，将其导出为.MOV、.AVI、.FLV、.MPEG-2和.MPEG-4 格式文件,比较各导出文件的大小和播放界面的清晰情况。

参 考 文 献

[1] 蔡冠群,聂竹明.Premiere Pro CC 视频编辑实例教程[M].北京：清华大学出版社,2015.

[2] 宋晓均,张春梅.Premiere 影视制作从入门到精通[M].北京：清华大学出版社,2014.

[3] 石喜富,王学军,郭建璞.Premiere Pro CC 数字视频编辑教程[M].北京：人民邮电出版社,2015.

[4] 程明才.Premiere 影视编辑实用教程[M].北京：电子工业出版社,2015.

[5] 韦华玲,五楠.Premiere Pro CS5 实例教程[M].北京：人民邮电出版社,2013.

[6] 尹敬齐.Premiere Pro CS4 视频编辑项目教程[M].北京：中国人民大学出版社,2010.